PLC styring med Structured Text (ST)

FORORD

Da jeg i august 2016 startede hos Erhvervsakademi Dania som underviser på Automationsteknolog-uddannelsen (en 2-årig videregående uddannelse), var en af mine opgaver, at finde bøger der kunne bruges i undervisningen. Specielt inden for programmering i Struktureret Tekst (ST) var der ikke meget. Bøger på 300 sider havde kun få sider med ST-programmering og på et højt teoretisk niveau. De studerende efterspurgte eksempler og metoder til ST-programmering. Det betød, at jeg i januar 2017 begyndte at skrive på et materiale, der fik navnet:

"Kom i gang med Structured Text"

Siden da, er materialet løbende blev opdateret, udvidet og brugt i undervisningen. Materialet har været meget efterspurgt blandt de studerende og nu er det blevet til en bog, så andre kan få glæde af indholdet.

Jeg håber du bliver glad for bogen.

Tak til studerende og undervisere for feedback og inspiration.

Kommentarer, ris og ros samt forslag til forbedringer modtages gerne. Send dem til TomMejerAntonsen@gmail.com

1. Udgave udkom i marts 2018
2. Udgave udkom i januar 2019 (opdateret og med flere eksempler)

Bogen er også udgivet på engelsk og som E-bog.

God fornøjelse!

Tom Mejer Antonsen

Randers, januar 2019

Tom Mejer Antonsen

PLC styring med Structured Text (ST)

IEC 61131-3 og best practice ST-programmering

PLC styring med Structured Text (ST)

© 2019 Tom Mejer Antonsen

2. udgave, januar 2019

Alle rettigheder forbeholdes. Enhver form for gengivelse, kopi eller deling, af dele eller hele bogen er ikke tilladt uden tilladelse.

Illustrationer: **Tom Mejer Antonsen**

Oversættelse: **Tom Mejer Antonsen**

Forlag: www.BoD.dk, Books on Demand GmbH, København, Danmark
Tryk: Books on Demand GmbH, Norderstedt, Tyskland

ISBN: 978-87-4300-097-6

Indholdsfortegnelse

1		**INDLEDNING**	**5**
	1.1	BAGGRUND FOR ST	6
	1.2	FORUDSÆTNING FOR AT LÆRE ST	6
	1.3	VIDENSGRUNDLAG	7
	1.4	FORDELE VED ST PROGRAMMERING	7
	1.5	UDFORDRINGER VED ST PROGRAMMERING	9
2		**PROGRAM GENNEMLØB – AFVIKLING AF PLC-KODE**	**9**
3		**KOMMENTARER I PROGRAMKODE (COMMENTS)**	**12**
4		**DATATYPER (DATATYPES)**	**14**
	4.1	ELEMENTÆRE DATATYPER (INT, REAL, BOOL)	14
	4.2	INDLEDNING TIL AFLEDTE DATATYPER	18
	4.3	SAMMENSAT DATATYPE, STRUCT	19
	4.4	NUMMER DATATYPE, ENUM	21
	4.5	AFGRÆNSET DATATYPE (SUBRANGE DATATYPE)	22
	4.6	RÆKKER AF ENS DATATYPER, ARRAY	23
5		**VARIABEL ERKLÆRING (VARIABLE SCOPE)**	**26**
	5.1	EKSEMPEL: VARIABLER, OPRETTELSE OG IO-KORT	28
6		**VARIABEL NAVNE (NAMING THE VARIABLES)**	**29**
	6.1	VARIABLER MED ENHED (UNIT)	34
	6.2	VARIABLER MED KONSTANTE VÆRDIER (CONSTANT)	36
7		**MATEMATIK OG LOGIK (MATH AND LOGIC)**	**37**
	7.1	MATEMATISKE OPERATORER (ARITHMETIC OPERATORS)	37
	7.2	LOGISKE OPERATORER (RELATIONAL OPERATORS)	39
	7.3	MATEMATIK FUNKTIONER (NUMERIC OPERATORS)	40
	7.4	LOGIK, AND OR NOT (LOGICAL OPERATORS)	42
	7.5	MATEMATISKE FORMLER (MATH CALCULATIONS)	43

8 ARBEJDE MED VARIABLER (VARIABLE ASSIGNMENT) 44

- 8.1 Matematiske beregninger (MATH calculations) 45
- 8.2 Division med 0 (Division by zero) 46
- 8.3 Beregning med REAL og INT (Calculating) 47
- 8.4 Decimal fejl med REAL (decimal errors) 48
- 8.5 Datakommunikation med variabler 49
- 8.6 Data type konverteringsfunktioner 49
- 8.7 Find binære værdi fra et heltal 51
- 8.8 Konverter REAL til 2 decimaler (2 digit REAL) 52

9 BETINGET ERKLÆRING (CONDITIONAL STATEMENT) 53

- 9.1 IF-THEN-ELSE 53
  - 9.1.1 EKSEMPEL: IF-THEN-ELSE relæ med selvhold 56
  - 9.1.2 EKSEMPEL: IF-THEN-ELSE åben og luk ventil 57
- 9.2 CASE 58
  - 9.2.1 EKSEMPEL: CASE – Indstilling af hastighed 59
  - 9.2.2 EKSEMPEL: CASE – Til afvikling af programmer 60
  - 9.2.3 EKSEMPEL: CASE – Til genkendelse af tal 61
- 9.3 Løkker (Iteration statement, LOOPS) 62
- 9.4 FOR - løkke (FOR-DO Statement) 62
  - 9.4.1 EKSEMPEL: FOR – løkke med 4 gennemløb 64
  - 9.4.2 EKSEMPEL: FOR – løkke og 3D Array 65
  - 9.4.3 EKSEMPEL: Beregning af gennemsnitsværdi 66

10 OPDELING I PROGRAM MODULER 68

- 10.1 Funktioner 69
- 10.2 Funktioner (FC) og funktionsblokke (FB) 72
- 10.3 EKSEMPEL: FC til omregning af temperatur 75
- 10.4 EKSEMPEL: FC til beregning af gennemsnit 76

11	ARBEJDE MED TEKSTER OG TEGN, STRING	78
11.1	EKSEMPEL: FC MED STRING	81
11.2	STANDARD FUNKTIONER, STRING	82
12	**INDBYGGEDE STANDARD FUNKTIONER**	**85**
12.1	FØRSTE PROGRAM GENNEMLØB: FIRSTSCANBIT	85
12.2	KANT TRIG FUNKTIONER (ONESHOT): R_TRIG, F_TRIG	86
12.3	TÆLLER FUNKTIONER: CTU, CTD, CTUD	88
12.4	GENTAGNE PROGRAM KALD (TIMER DELAY): TON, TOF	90
13	**SPECIELLE FUNKTIONER OG STRUKTURER**	**92**
13.1	SIMPEL KØ STRUKTUR (QUEUE)	92
13.2	FIFO – FIRST IN FIRST OUT	95
13.3	GENERERING AF TILFÆLDIGE TAL (RND, RANDOMIZE)	98
13.4	DIGITALT LAV PAS LP-FILTER (LOW-PASS FILTER)	100
13.5	SIMULERINGSSIGNALER	102
13.6	BEREGNING AF TANK VOLUMEN, CYLINDER PÅ HALVKUGLE	105
14	**FRA LADDER TIL ST-PROGRAMMERING**	**108**
15	**BEST PRACTICE ST-PROGRAMMER**	**113**
15.1	INDRYKNING OG MELLEMRUM	113
15.2	TOMME LINJER MELLEM KODE	113
15.3	UNDGÅ SPAGHETTI KODE	114
15.4	BRUG FUNKTIONER OG PROGRAM MODULER	114
15.5	OMFANG AF VARIABLER	115
15.6	ANDRE FORSLAG TIL EN BEDRE PROGRAMSTRUKTUR	115
15.7	KODE TIL OG FRA INTERNETTET	116
15.8	OOP – OBJEKT ORIENTERET PROGRAMMERING	116
16	**GUIDE TIL LØSNING AF PROGRAMMERINGSOPGAVER**	**117**
17	**STIKORDSREGISTER**	**120**

PLC styring med Structured Text (ST)

1 Indledning

Denne bog giver en introduktion til programmeringssproget **S**truktureret **T**ekst (ST), der benyttes i **P**rogrammerbare **L**ogiske **C**ontrollere (PLC).

Bogen er primært udarbejdet til brug på den 2-årige videregående fuldtidsuddannelse **Automationsteknolog** og deltidsuddannelsen **Automation og Drift.**

I en Siemens PLC hedder det programmering i **S**tructured **C**ontrol **L**anguage (SCL) og der er nogle mindre forskelle i forhold til ST-programmering.

Bogen går systematisk frem med beskrivelse af de grundlæggende ST-begreber og programmering, herunder tips, og med inddragelse af forfatterens praktiske erfaring.

Der er mange steder uddybende forklaringer til PLC-koden og der er fokus på at læseren lærer at skrive robust, læsbar, struktureret og overskuelig PLC-kode. Desuden fokuseres på at kunne skrive PLC-kode, som ikke kræver en bestemt PLC-type og PLC-kode der kan genbruges, samt PLC-løsninger, der kan benyttes internationalt.

I overskrifter er de engelske udtryk skrevet i parentes, så læseren nemt kan bruge disse ord til at finde mere information på internettet. Erfaringen viser dog, at det ikke er helt nemt at finde kode-eksempler og programmeringsforslag inden for ST.

Det anbefales at læse bogen helt igennem for at få overblik over indhold og bagefter bruge bogen som opslagsværk.

Der gives ingen garanti eller support på PLC-kode eksemplerne i bogen.

1.1 Baggrund for ST

ST er et højniveau programmeringssprog, der ligner Pascal programmering. Pascal programmering var meget udbredt i Danmark i perioden fra år 1985 til omkring år 2000,- en periode hvor mange virksomheder begyndte på udvikling af software til PC, først DOS og siden Windows.

ST er udviklet og udgivet af **I**nternational **E**lectrotechnical **C**ommission (IEC) i IEC 61131-3 international standard i 1993. Standarden indeholder fem PLC programmeringssprog, hvor LADDER-programmering er det mest kendte og udbredte. Den seneste danske udgave DS/EN 61131-3 er fra 2013.

ST-programmering til PLC-styringer er fra omkring år 2010 begyndt at blive mere udbredt i Danmark, og siden år 2015 er mange virksomheder i Danmark begyndt udelukkende at levere PLC-styringer, hvor der benyttes ST som det foretrukne programmeringssprog. Dette kræver at flere medarbejdere kan ST og det er et af argumenterne, for at udgive denne bog.

1.2 Forudsætning for at lære ST

Det er ikke en forudsætning at kunne LADDER-programmering, men "et vidst kendskab" til matematik, fysik, mekanik, elektronik, maskiner, automation og grundlæggende PLC-kendskab, er nødvendigt for at lære ST-programmering.

Bogen er skrevet på dansk, så sproget ikke er en forhindring for at lære ST programmering. Dog er variabel navne på engelsk, da ikke alle PLC-typer tillader danske tegn. PLC-kode eksempler og illustrationer er på engelsk, da mange virksomheder bruger engelsk i deres PLC-kode.

De som er uddannet i, eller har erfaring med, et højniveau programmeringssprog inden for PC (f.eks. VB, .NET, C, C#, Java), har forholdsvis nemt ved at lære ST, da programopbygningen minder meget om hinanden. Programafviklingen i en PLC er dog anderledes end i et traditionelt PC program eller en Web applikation.

Oplæringstiden for ST er som andre tekstprogrammeringssprog 3 til 5 år.

1.3 Vidensgrundlag

Forfatteren har 25-års erfaring inden for specifikation, udvikling og levering af komplekse styringsløsninger og overvågningssystemer. Heraf 7-års erfaring inden for Pascal programmering samt 12-års erfaring med løsninger og systemer, der indeholder PLC. Erfaringen fra ansættelse i fire internationale virksomheder og levering af mere end 1000 systemløsninger til 20 lande, er således en stor del af grundlaget for indholdet i bogen.

Forfatteren har de seneste år undervist i PLC-styring på videregående uddannelser. De studerende har inden studiet alt mellem 0 til 20 års erhvervserfaring inden for PLC, automation og teknisk service.

Endvidere er internettet, standarden DS/EN 61131-3 og en række bøger inden for PLC-styring brugt som inspiration og afklaring på problemstillinger.

Grundlaget for bogen er et materiale, som er udarbejdet løbende med feedback fra undervisere og studerende på automationsteknolog-uddannelsen hos Erhvervsakademi Dania. Materialet er således løbende opdateret, så det giver svar på de spørgsmål og udfordringer, de studerende typisk har gennem deres studie.

1.4 Fordele ved ST programmering

ST er et meget fleksibelt og universelt programmeringssprog. ST-programkode kan nemt kopieres mellem forskellige PLC-typer og sendes via e-mail, da det er baseret på tekst og ikke grafik som ved LADDER programmering.

ST-programkode ligner sætninger og der arbejdes på samme måde som i et tekstbehandlingsprogram (som f.eks. Microsoft Word), hvilket gør det nemt at arbejde med. Der benyttes således de samme metoder, som når der arbejdes i et tekstbehandlingsprogram.

På grund af sin meget strukturerede natur er ST ideel til opgaver, der kræver kompleks matematik, kodegenbrug eller beslutningstagning (f.eks. automatisk energi optimering, algoritmer, dataopsamling og regulering).

Når man har erfaring med ST-programmering, vil overgangen til andre programmeringssprog inden for PLC-styring og automation være nemmere. Det kan være programmering af robotstyringer, servo- eller Visual Basic -programmering.

PLC styring med Structured Text (ST)

De senere år er flere og flere virksomheder gået over til ST-programmering. Dette skyldes, at ST har en række fordele sammenlignet med de fire andre PLC programmeringssprog (LAD, SFC, FBD og IL). Disse fordele er:

- ST-programmering kan forholdsvis nemt kopieres mellem forskellige PLC-typer. [1]
- Det er det nemmeste PLC-sprog til matematiske beregninger, formler og algoritmer [2] samt store data mængder (bigdata).
- PLC-løsninger er mere krævende i dag end for 20 år siden [3]
- Mange udbredte PC-programmeringssprog (C++, C#, PASCAL, VB) minder meget om ST program struktur.
- De andre PLC-sprog (LAD, SFC, FBD) kræver, at dele programmeres i ST.
- Det fylder mindre, når PLC-programkode skal dokumenteres, beskrives eller udskrives end ved de andre PLC-sprog.
- Det er det nemmeste PLC-sprog at versionsstyre via kommentarer i programkoden eller via GIT[4] eller Subversion. [4]

PLC programmeringssproget **I**nstruction **L**ist (**IL**) som benyttes til komplekse PLC-styringer, forventes at udgå i løbet af nogle år (jf. DS/EN 61131-3 afsnit 7.2.1). ST er naturligt at benytte, hvis og når **IL** udgår.

---

[1] Det er muligt med Copy-Paste og mindre tilpasninger. F.eks. bruger Siemens "#" foran lokale variabler og Allen Bradley en anden syntaks til funktionskald.

[2] De matematiske beregninger ligner matematiske formler. Se afsnit 8.1 side 45

[3] Der er i dag mere fokus på energi optimering, automatisk drift og dataopsamling. Det er alle løsninger som kræver, at der er brug for mere krævende PLC-kode, end bare en almindelig "relæ styring" med start/stop funktioner.

[4] Værktøjerne GIT og Subversion er gode værktøjer til at spore (følge) rettelser og udvidelser i PLC-koden. Dette sikre, at det er muligt at hente en tidligere version (udgave) af det pågældende stykke PLC-kode.

1.5 Udfordringer ved ST programmering

En stor udfordring er, at mange teknikere og elektrikere kun kan programmere i LADDER og de kan have det svært med ST-programmering, da det er tekstbaseret og ikke grafik, som det kendes ved LADDER programmering. [1]

Programmering i ST kan hurtigt blive uoverskueligt, da det kræver en vis erfaring at strukturere et program hensigtsmæssigt.

For den uerfarne, kan det være svært at fejlfinde i et ST-program.

De mindste PLC-typer giver normalt ikke mulighed for at benytte ST-programmering.

Det er ikke muligt at bruge ST- programmering i en sikkerheds-PLC. [2]

Læringstiden for ST-programmering er 3 til 5 år efter afsluttet studie/kursus.

2 Program gennemløb – afvikling af PLC-kode

Det er vigtigt at vide, hvordan en PLC afvikler et program, da der skal tages hensyn til dette, når programmet skrives.
En PLC afvikler programmer sekventielt i realtid, hvilket betyder, at de enkelte programstumper skal være afviklet i løbet af kort tid. Programstumperne (program modulerne) bliver afviklet med et fast interval (PLC scan-time) f.eks. 50 [ms]. Nogle af de hurtigste PLC-typer, kan have en scan-tid på 1 [μs].

Det er muligt at have program moduler med forskellig scan-tider f.eks. 500 [ms] eller hvert minut. Der kan være input signaler fra sensorer, som ikke ændrer værdi hurtigt (f.eks. en temperatur sensor) og derfor er det ikke nødvendigt, at have hurtig scan-tid til alle program moduler. Et stort program med mange beregninger, tager længere tid at gennemløbe og derfor vil det være nødvendigt, at have forskellige scan-tider på de forskellige program moduler.

---

[1] For at hjælpe de, som er gode til LADDER programmering, indeholder bogen udvalgte LADDER programmer og den tilsvarende ST-programmering. Se side 108.

[2] Det er en separat PLC eller specielle områder i en almindelig PLC, der benyttes til at afbryde motorer og andre bevægelige maskindele, hvis nødstop knappen aktiveres. Der skal være 100% garanti for, at afbrydelsen sker og derfor afvikles den kode i en sikkerheds-PLC, som er godkendt til formålet.

PLC styring med Structured Text (ST)

Flowdiagrammet herunder viser den grundlæggende virkemåde for en PLC:

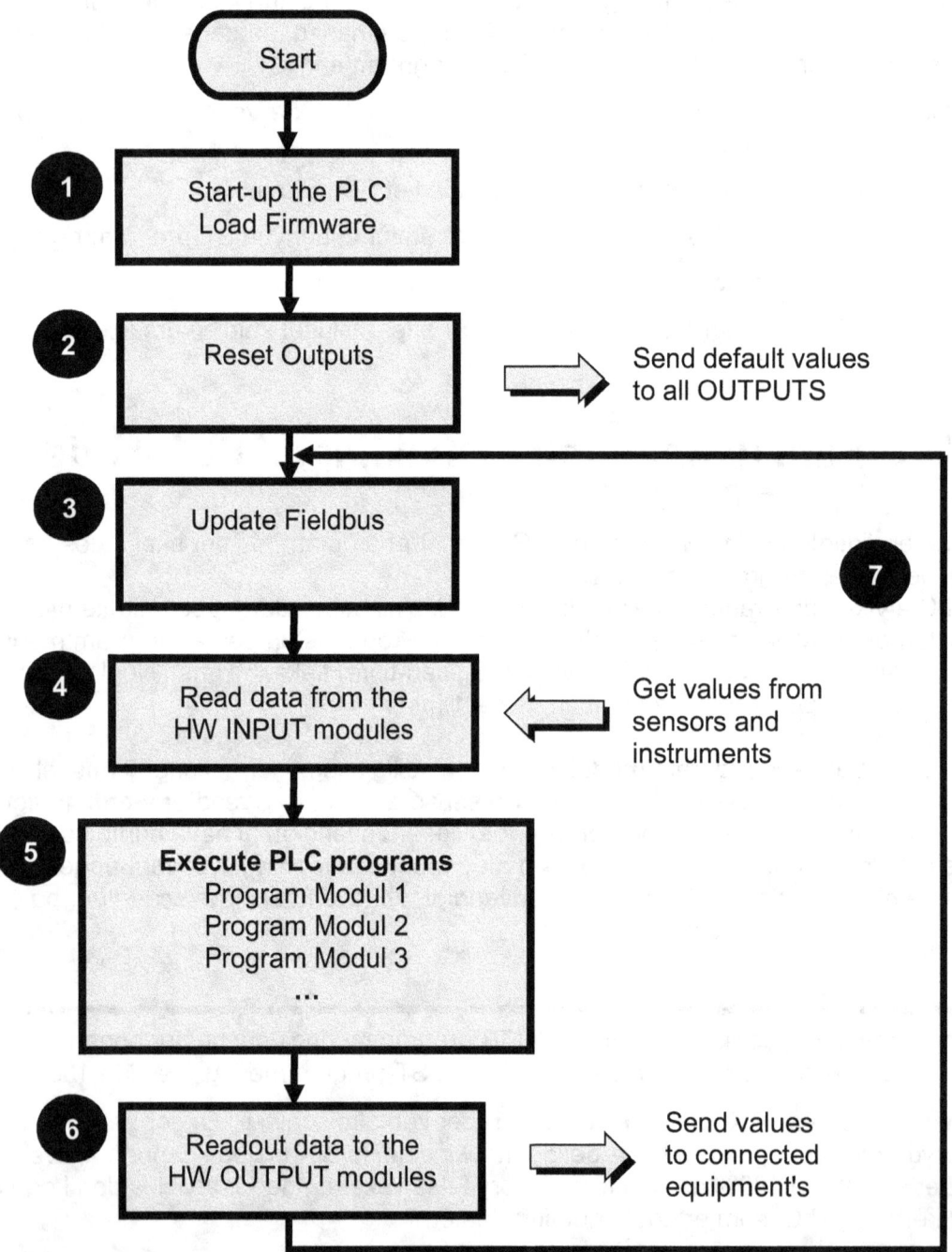

Flowdiagrammet viser følgende:

1 Når der kommer strøm på PLC vil den starte op (boote) og indlæse operativsystemet, som i en PLC hedder firmware. Dette sikrer, at PLC-programmet kender den hardware (HW), som er forbundet.

2 Efter opstart sættes udgange til den værdi, de er initialiseret til. Det er vigtigt, at alle udgange har den rigtige startværdi, så maskinen ikke udfører uheldige handlinger, inden PLC-programmet er kommet i gang.

3 Her foretages datakommunikation via netværk (fieldbus). Med datakommunikation modtages og sendes mange variabler til andre enheder (F.eks. betjeningspaneler, andre PLC-styringer eller instrumenter). Der findes mange Fieldbus-typer (f.eks. Profibus, Profinet og EtherNer/IP), men grundlæggede fungerer de ens.

4 Her indlæses værdier fra alle de sensorer, kontakter, afbrydere, instrumenter og komponenter der er på maskinen/anlægget.

5 Afvikling af alle PLC-programmer. Alle programmer gennemløbes (afvikles) én gang afhængig af scan-tid. Programmer er opdelt i:

    Program moduler. Se afsnit 10 side 68
    Funktioner. Se afsnit 10.1 side 69
    Funktioner (FC) og Funktionsblokke (FB). Se side 72

Programmer skal opdeles for at give en god programstruktur.

6 Udlæsning af værdier til alle udgange. Det kan være nye indstillinger til motorer, ventiler, lamper og instrumenter.

7 Alle forløb, punkt 3 til 6 gentages. Det kaldes for ét program-scan.

Programafviklingen stopper først hvis:

    - PLC-programmet sættes i STOP mode
    - Der sker en fejl i programafviklingen (run time error)
    - PLC slukkes

3 Kommentarer i programkode (comments)

Kommentarer er en meget vigtig del af programmeringen. Kommentarer i programmeringskoden hjælper dig og den, som skal rette og tilføje i koden senere.

Brug kommentarer til at forklare, hvad et konkret stykke PLC-kode gør, så du selv kan huske det senere. PLC-koden kan være selvforklarende i mange tilfælde, så det er bedst kun at skrive kommentarer, når noget PLC-kode er komplekst.

Der er to typer af kommentarer i ST:

Linje kommentar

```
// Linje kommentar. Der skrives frem-slash foran HVER linje.

// Bruges også til at udmaske PLC-kode - dvs. kode som ikke skal afvikles.
// Koden er væk hvis den slettes, så sæt // foran i stedet for at slette koden
// Ved at sætte // foran koden kan man stadig se koden, men den afvikles ikke
```

Blok kommentar

```
(* Blok kommentar startes med startparentes og stjerne. Afsluttes med
stjerne og slutparentes. Bruges til at gøre flere linjer PLC-kode inaktiv *)
```

Linje kommentar kan kun placeres på samme linje foran eller *efter* PLC-kode.

Kommentarer placeret mellem (* og *) kaldes blok kommentar og bruges til at udmaske flere linjer PLC-kode eller skrive kommentarer der fylder flere linjer.

IEC 61131-3 og best practice ST-programmering

Til hver program modul eller funktion benyttes kommentarer som overskrift, så en anden programmør, hurtigt får en indledning til program modulet eller funktionen. Feltet skal (bør) indeholde en versionslog, så det er muligt at se, hvad der løbende er blevet ændret i koden og af hvem:

```
////////////////////////////////////////////////////////////////
/// OP002 Parking house
////////////////////////////////////////////////////////////////
// Action for each connected sensor
//
//*******************************************************
// Version 1.0, Created. Date 06.10.2018 TMA
// Version 1.1, TempVar3 changed 10.10.2018 TMA
// Version 1.2, Button B1 added 1.12.2018 TMA

IF B1 = TRUE THEN    //First line of PLC code
    K1:= TRUE;
END_IF;

//SetLamps();  //Do not run the SetLamps program module
```

Enkelte PLC-typer kan ikke håndtere, de danske speciel bogstaver som æøåÆØÅ i kommentar linjer. Det anbefales derfor generelt at bruge engelsk i både kommentarer og programmeringen, da danske tegn ofte ikke accepters og desuden vælger mange virksomheder skriver PLC-kode på engelsk. En anden grund til at skrive PLC-kode på engelsk, er at mange virksomheder er internationale.

VIGTIGT!   Husk at rette kommentarerne og versionslog, hvis der efterfølgende bliver ændret noget i PLC-koden.

TIPS: En god idé er, at bruge kommentar linjer til at beskrive, hvad et stykke PLC- kode skal gøre, inden man begynder at skrive PLC-koden. Det hjælper en selv, til at få struktur på PLC-koden og hjælper andre til at forstå PLC-koden.

4 Datatyper (Datatypes)

I lighed med andre programmeringssprog har IEC 61131-3 standarden mange forskellige datatyper, både elementære og afledte datatyper. En datatype definerer, hvor meget hukommelse, der skal bruges til en variabel og derved den største og mindste værdi for variablen.

4.1 Elementære datatyper (INT, REAL, BOOL)

Følgende (udvalgte) er de elementære datatyper, som er standard i enhver PLC:

Datatype	Bits	Talsystem	Note	Lavest og højeste værdi	Eksempel
BOOL (Bit)	1	Boolean (Boolsk)		FALSE/TRUE eller 0 til 1	TRUE
BYTE	8	HEX (Hexa decimal)		16#0 til 16#FF	16#10
WORD	16	Binært tal		2#0 til 2#1111111111111111	2#0001000000000000
UNIT		HEX (Hexa decimal)		16#0 til 16#FFFF	16#1000
		BCD		C#0 til C#999	C#998
		Heltal uden fortegn (kun positive tal)		0 til 65535	564
DWORD (Double word)	32	Binært tal		2#0 til 2#1111111111111111 1111111111111111	2#10000001000110001 011101101111111
		HEX (Hexa decimal)		16#00000000 til 16#FFFFFFFF	16#00A21234
		Heltal uden fortegn (kun positive tal)		0 til 4294967295 (4.29 mia.)	435
INT (Integer)	16	Decimal Heltal med fortegn		-32768 til 32767	101
DINT (Double integer)	32	Decimal Heltal med fortegn		-2147483648 til 2147483647 (2.1 mia.)	107

Datatype	Bits	Talsystem/type	Note	Lavest og højeste værdi	Eksempel
REAL (Floating-point number)	32	IEEE 754 Floating-point number (Decimal tal)	1	Laveste tal: +/-3.402823E+38 Højeste tal: +/-1.175495E-38	1,234567e+13
LREAL (Long Real)	64	Dobbelt Float (Decimal tal) IEEE 754		Laveste:-1.7976931348623E308 Højeste: 1.79769313486232E308	3432.54
TIME (IEC time)	32	IEC tid opløsning: 1 [ms] cl. 1 [ns]	4	T#1ns til T#24d20h31m23s	TIME#10s T#10d14h11m23s T#5s12ms23us300ns
DATE (IEC date)	16	IEC dag, Opløsning 1 dag		D#1990-1-1 til D#2168-12-31	D#1996-3-15 DATE#1996-3-15
TIME_OF_DAY (Time)	32	Tid i en opløsning på 1 [ms]	4	TOD#0:0:0.0 til TOD#23:59:59.999	TOD#1:10:3.3 TIME_OF_DAY#1:10:3.3
CHAR WCHAR	8 16	ASCII karakter (1 bogstav)	2	'A', 'B' etc.	'E'
STRING		Tekst og tegn	3	Optil 255 tegn	"Dette er en tekst"

Alle variabler skal have en datatype. Hvis en variabel bliver tildelt en værdi, der er uden for min. og max. område for variablens datatype område, kan der opstå et overløb på variablen eller run time error (program fejl) og PLC kan stoppe programafviklingen. Det kan også medføre en underlig opførsel under programafviklingen (programmet kan virke ustabilt).

Enkelte PLC-typer kan have flere datatyper end dem, der er listet herover. Generelt anbefales det, at holde sig til nogle få datatyper, så PLC-koden nemmere kan kopieres til andre PLC-typer. F.eks. kan specielle datatyper som S5TIME, LWORD og ULINT ikke benyttes af alle PLC-typer. Det betyder, at kopiering af PLC-kode eller opgradering til en større PLC giver en del arbejde og risiko for at introducere fejl.

De 3 meste brugte datatyper er BOOL, INT og REAL. Grunden til at INT benyttes mere end WORD, er at INT altid er den samme data størrelse som bit-størrelsen i en PLC og derved en hurtig datatype. Hvis der arbejdes med en REAL datatype, vil PLC oprette bagvedlæggende maskin-kode, da en PLC kun kan håndtere heltal. En REAL er altså mere krævende, for en PLC at arbejde med.

PLC styring med Structured Text (ST)

Ulempen ved INT er ved brug i data kommunikation mellem 2 computere, hvor den ene computer, er en PLC som anvender 16-bit og den anden en PC som anvender et 64-bit operativ system eller en lille 8-bit computer (embedded computer). Den lille embedded computer kan være en sensor, et måleinstrument, et proces analyseapparat eller andet udstyr på et anlæg. Læs mere om data kommunikation på side 49.

NOTER til ovenstående tabel

1) En REAL indeholder max. 7 betydende cifre. Dette betyder at hvis en variabel tildeles værdien 1234.56789, vil variablen ikke kunne indeholde tallet. Værdien i variablen vil blive ændret til 1234.567 (dog vil nogle PLC vise et cifre mere: 1234.5678)

   I nogle PLC-typer hedder denne datatype en FLOAT

   Da nogle computere tolker en REAL/FLOAT forskelligt kan det give udfordringer ved datakommunikation mellem computerne. For at afhjælpe dette, kan en REAL "flyttes" til en INT eller DINT variabel ved at gange med 100 og når data er modtaget i den anden computer divideres med 100. På den måde kan et decimal tal med 2-cifre overføres uden problemer. Se også side 49.

2) ASCII karakterer benyttes typisk, når der skal bruges tekster på f.eks. brugergrænseflader, datalogning til filer, kommunikation mellem instrumenter eller andre PLC. Samt data fra et tastatur.
   Da en PLC "kun kan" arbejde med hel tal, har bogstaver og tegn fået et nummer i en ASCII tabel
   Datatypen CHAR er 8-bit (Kan indeholde 255 forskellige tegn). En CHAR datatype kan typisk bruges til 1 til 5 forskellige lande sprog.
   WCHAR er 16-bit og benyttes til Unicode (ISO 10646, globale tegn). Unicode er til internationale PLC-styringer.
   WCHAR bruges typisk, når samme PLC-kode bruges i flere lande med forskellige sprog i brugergrænsefladen.

3) En STRING består at et ARRAY OF CHAR og er normalt fastsat til 255 tegn (CHARS)
   Se også ovenstående note 2). Samt afsnit side 23 og side 78, WSTRING bruges til Unicode (ISO 10646, globale tegnsæt) og består af et ARRAY med WCHAR.

Bemærk, at nogle PLC-typer kan have max. 80 karakterer i en STRING, hvis ARRAY ikke er begrænset til f.eks. 10. Det er god programmering at begrænse længden af ARRAY, så der ikke bruges unødvendigt meget hukommelse.

4) TIME/DATE er internt i en PLC beregnet ud fra et heltal, der tæller tiden fra 1.1.1970 kl 00:00 og kan derfor kun konverteres til et heltal. (Se dokumentation fra den enkelte PLC-producent)

En PLC henter den aktuelle tid i en elektronik komponent, der er indbygget i PLC-hardwaren. Den tid er ikke særlig nøjagtig. En nøjagtig tid, skal hentes fra et atom ur. Dette gør en PC helt automatisk i dag, hvis den er koblet på internettet. En PLC kan så hente tiden fra en PC. Dette kan f.eks. gøres en gang om dagen. Det er vigtigt, at alle PLC i netværket har samme tid, så alarmer og tidsstempling af loggede data (f.eks. eventlog – log af f.eks. ændringer som brugeren foretager i styringen) har samme klokkeslæt

Når en variabel tildeles en værdi, er tallet i 10 talsystemet. Hvis den tildelte værdi er i 2-talsystemet (det binære), skal der anføres 2# foran og hvis det er et HEX-tal, skal der anføres 16# direkte foran tal. F.eks. 2#101 = 5 eller 16#10 = 16.

Normalt bruges en INT variabel til tællere og det er vigtigt at være opmærksom på, hvor stort et tal, der kan være i en INT. Hvis INT f.eks. bruges som "time tæller" - TACHO HOURS på en motor (en tæller, som viser det samlede antal timer en motor har kørt og det tal benyttes for at se, hvornår der skal foretages service på motoren). Hvis motoren kører 20 timer pr. døgn og motoren har en forventet levetid på 10 år, vil den samlede tæller værdi nå op på:

Timer pr. døgn * dage pr. år * år = 20 * 365 * 10 = 73.000 [timer]

Dette bevirker, at variablen ikke kan være af datatypen INT, da INT er max 32767. Der skal benyttes en DINT (**D**obbelt **Int**eger) eller endnu bedre en DWORD datatype, der kan indeholde et større tal.

DWORD kan indeholde heltal fra 0 til 4,29 mia.

Hvis der alligevel er benyttet en INT, vil variablen vise: 7466, da INT har to "overløb". Der sker overløb hver gang tallet bliver over 32767 og ved overløb "nulstilles" variablen til –32768 (som er mindste værdi for INT).

4.2 Indledning til afledte datatyper

Der er mulighed for at definere mere avancerede og tilpassede datatyper. Det er ofte nødvendigt for at spare tid med at skrive PLC-programmet og det giver en bedre struktur på programmet.
De kaldes afledte datatyper og er omsluttet af **TYPE** og **END_TYPE**.

Der er fire afledte datatyper:

- Sammensat data type, STRUCT   **UK: Structured Data Type**
- Nummereret data type, ENUM   **UK: Enumerated Data Type**
- Reduceret data type   **UK: Sub-Ranges Data Type**
- Række data type, ARRAY   **UK: Array Data Type**

BEMÆRK
Hvis man er nybegynder inden for PLC-programmering, er det vigtigt at vide, at de tre første datatyper ikke er nødvendige for at få PLC-programmer til at virke. Det betyder, at man i første omgang, kan springe de afsnit over og gå tilbage til dem, når man har mere erfaring med PLC-programmeringen.

De forskellige afledte datatyper forklares i de følgende afsnit.

4.3 Sammensat datatype, STRUCT

En struktureret (STRUCT) datatype er en sammensat datatype. Den benyttes til at samle flere datatyper i en gruppe (Klasse/objekt). Den sammensatte datatype oprettes ved brug af STRUCT og END_STRUCT.
Hver variabel i en STRUCT skal have et sigende navn, efterfulgt af et kolon og derefter datatypen. Bemærk, udtrykket afsluttes med semikolon.
Herunder er vist en STRUCT, der kaldes **Motor** og den indeholder fire variabler, der alle har en tilknytning til en motor: **Speed** (hastighed på motor), **Temperature** (temperatur i motor), **Voltage** (spænding) og **AlarmStatus** :

```
TYPE Motor :                                      //Example 1 STRUCT
    STRUCT
    Speed         : INT;    //Actual speed of the motor [RPM]
    Temperature   : REAL;   //Internal temperature of the motor [C]
    Voltage       : REAL;   //The voltage of the motor [V]
    AlarmStatus   : BOOL;   //Alarm if TRUE else FALSE
    END_STRUCT;
END_TYPE
```

Bemærk, at der er anført kommentarer ud for hver variabel, som præcist beskriver, hvad der menes, så den, som læser PLC-programmet, ikke er i tvivl. Desuden er der anført enhed i firkant parenteser, da man ofte ikke kan regne enheden ud på de forskellige variabler. F.eks. om hastigheden for motoren er i RPM (Omdrejninger pr minut), frekvens i Hz eller i procent.

Kommentar linjer ved variabel oprettelsen, bruges også til at beskrive, hvad variablens værdier kan være, da det ikke altid er logisk. F.eks. ved **AlarmStatus** hvor det ikke er klart, om der er alarm, når variabel er TRUE eller FALSE.

Som det er nævnt på side 34, kan enhed være en del af variabel navnet.

Nogle PLC-typer benytter ikke tekst som ovenstående til at oprette en STRUCT, men de oprettes i en liste og derfor vil man ikke kunne se TYPE, STRUCT, END_STRUCT og END_TYPE ordene.

En struktureret datatype, kan indeholde en eller flere strukturerede datatyper. Dette kan ses i eksemplet herunder:

```
TYPE Valve :                                //Example 2 STRUCT
    STRUCT
    DisplayColor   : LightTYPE;  //User defined TYPE
    ValveState     : BOOL;       //Can be TRUE (open) or FALSE (closed)
    Pressure       : REAL;       //Pressure in [Bar]
    END_STRUCT;
END_TYPE
```

I eksempel 2 herover består datatypen **Valve** (ventil på dansk) af tre variabler: **DisplayColor** (Visning af farve), **ValveState** (Tilstand for ventil: Åben eller lukket) og **Pressure** (Luft er væske tryk). Variablerne **Pressure** og **Valvestate** har standard datatyperne henholdsvis BOOL og REAL, mens variablen **DisplayColor** har datatypen **LightTYPE,** som er defineret i afsnit 4.4 side 21.

Eksempel med en flytbar tank til kemikalier (IBC tank):

```
TYPE TankType :                             //Example 3 STRUCT
    STRUCT
    Liters      : REAL := 1000;  //Default tank size
    LevelSensor : REAL;          //Sensor at bottom
    LevelSwitch : BOOL;          //Float switch at bottom
    END_STRUCT;
END_TYPE
```

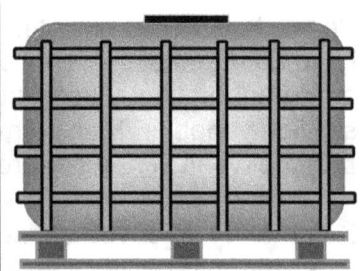

Mange variabler i et PLC-program kan hurtigt virke uoverskueligt. Variabler som har et tilhørsforhold til den samme komponent (objekt), samme område, eller samme virkemåde, kan med fordel samles i en STRUCT. På den måde, er det lettere og hurtigere at oprette og vedligeholde mange ens komponenter. Den metode kaldes **O**bjekt **O**rienteret **P**rogrammering (OOP) og kendes typisk fra programmering til en PC, men kan med fordel benyttes i en PLC.

Hvis en variabel med datatypen STRUCT skal overføres til en funktion bør variabel scope være VAR_IN_OUT i funktionen. Se afsnit 5, side 26.

4.4 Nummer datatype, ENUM

Nummer datatypen **ENUM** indeholder en liste af unikke konstante navne. Navne er listet i en parentes. Udtryk begynder med TYPE og slutter med END_TYPE. Brug sigende navne, så de fortæller, hvad de bruges til.

For eksempel:

```
TYPE LightTYPE :
    (RED, YELLOW, GREEN);
END_TYPE
```

Datatypen **LightTYPE** i eksemplet herover, kan enten være RED (rød), YELLOW (gul) eller GREEN (grøn) og kunne f.eks. bruges til et trafik lys, en operatør signallampe (se billede) på en maskine eller som status på en ventil. **LightTYPE** vil altid /skal altid være én af de definerede typer: RED, YELLOW eller GREEN.

En **ENUM** *skal tildeles* en start værdi (default), ellers er det usikkert, hvad start værdien er. For eksempel, som vist herunder hvor **LightTYPE** skal have værdien RED, når der kommer strøm på PLC:

```
TYPE LightTYPE :
    (RED, YELLOW, GREEN):= RED;
END_TYPE
```

PLC-compileren sætter automatisk et fortløbende tal ind, for hver tekst: RED = 0, YELLOW = 1 og GREEN = 2, da en CPU kun kan arbejde i tal. Det er deraf navnet kommer: **ENUM**, som kan oversættes til automatisk numre rækkefølge. Metoden benyttes, da det er nemmere for programmøren, at huske en tekst frem for et tal og programmøren skal ikke bruge tid på, at skrive de bagvedlæggende forløbende tal.

Der er muligt at definere en fast værdi ved hver navn, frem for en fortløbende:

```
TYPE LightTYPE :
    (RED:= 10, YELLOW:= 20, GREEN:= 30) := RED;
END_TYPE
```

Ulempen ved **ENUM** er at alle tal ligger på en fortløbende række. Hvis der tilføjes nye navne, midt i rækken forskubbes tal rækken og det kan give udfordringer, hvis **ENUM** benyttes, hvor data overføres mellem flere PLC, da begge PLC skal opdateres med ny PLC-kode på samme tid.

Eksempler på brug af **ENUM**. Her er oprettet to variabler **MotorLamp** og **Lamp**, begge med datatypen **LightTYPE**:

```
Lamp:= MotorLamp;                    //Here is Lamp set to red
MotorLamp:= LightTYPE.green;         //Set MotorLamp to green
Lamp:= MotorLamp;                    //Here is Lamp set to green
```

ENUM giver en bedre software struktur, dog er **ENUM** ikke muligt i alle PLC-typer.

Alternativet til **ENUM** er oprettelse af selvstændige konstanter. Se mere side 36.

4.5 Afgrænset Datatype (Subrange Datatype)

En subrange datatype er en datatype, som er afgrænset i forhold til en elementær datatype. Dette giver mening, hvis f.eks. måleområdet er begrænset.

En subrange datatype består af navnet på den datatype, der er afgrænset, efterfulgt af en nedre og en øvre grænse, adskilt af to prikker (punktum eller dots) og det hele i parentes. For eksempel, herunder hvor den afgrænsede datatype **TemperaturRangeType,** kun kan indeholde tal mellem -50 og 125:

(INT datatypen kan indeholde værdier i området -32768 til 32767):

```
TYPE TemperatureRangeType:
        INT (-50 .. +125);
END_TYPE
```

Hvis en variabel med datatypen **TempertureRangeType,** får tildelt en værdi som hedder 132, altså uden for det tilladte område, kan der komme en runtime error i PLC. Derfor er Subrange datatyper ikke så brugte, da runtime error ikke er så nemme at håndtere (og forklare kunden) frem for en variabel, der viser 132 i stedet for 125. Hvis værdien er synlig, kan det være nemmere at se, at værdien er uden for det tilladte område, og få undersøgt hvad årsagen er.

4.6 Rækker af ens datatyper, ARRAY

Et ARRAY er en struktureret metode, der benyttes til at gemme flere værdier med *den samme datatype*. Pladserne i et ARRAY ligger ved siden hinanden i hukommelsen, hvilket betyder, at det er hurtigt at arbejde med. Et ARRAY har altid en forud bestemt fast længde og den kan ikke ændres under program afviklingen. ARRAY kan oprettes og indekseres i flere dimensioner.

Et ARRAY er hurtigt at skrive PLC-kode til og giver en god software struktur. Udfordringen ligger i, at få værdier ind og ud af ARRAY.

Et ARRAY kaldes også for en multielement datatype.

Her er et eksempel, hvor **SpeedArray** indeholder 6 pladser af datatypen INT. Oprettelsen af de 6 pladser skal angives i firkant parenteser med et start og slut indeksnummer, adskilt af to punktum (dots) som vist herunder:

```
VAR SpeedArray :
    ARRAY [1 .. 6] OF INT;
END_VAR
```

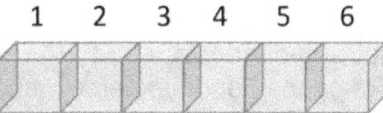

Den første værdi i arrayet, ligger på plads 1 og den sidste på plads 6. Her er valgt en navngivning, hvor **Speed** er tilføjet teksten **Array**, for at den, som arbejder med PLC-koden, hurtigt kan se, at det er et ARRAY.

SpeedArray er et 1-dimensionelt ARRAY og dette kan benyttes, hvor der er en samling af mange værdier, der ligger på én lang række som f.eks.:

> Beregning af gennemsnits værdi (afsnit 10.4, side 66).
> Håndtering af en kø (afsnit 13.1, side 92).
> FIFO - **F**irst **I**nd **F**irst **O**ut (afsnit 13.2, side 95).
> Dataopsamling og sortering.

Et ARRAY kan oprettes med alle datatyper og således også datatyperne STRING og STRUCT samt funktioner.

Et eksempel på brug af ARRAY kan ses side 64, 66 og 92.

Et 2-dimensionelt ARRAY kan benyttes til f.eks. parkeringsplads, lagerreol, graf, søjlediagram, koordinatsystem, pivottabel og det kan oprettes på følgende måde:

```
VAR Racking
    ARRAY [1 .. 5, 1 .. 3] OF INT;
END_VAR
```

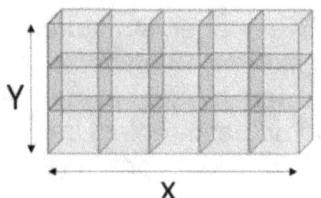

Et 3-dimensionelt ARRAY kan defineres som:

```
VAR PackOnPallet
    ARRAY [1 .. 5, 1 .. 4, 1 .. 3] OF REAL;
END_VAR
```

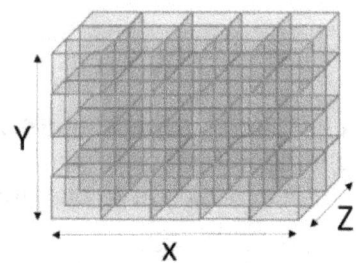

Benyttes f.eks. til pakker på palle eller positioner i en lagerhal.

Hvis man ser et 3-dimensionelt ARRAY, som et X-, Y- og Z-koordinat system kan værdierne fra ovenstående eksempel opdeles i:
1 to 5 = X; 1 to 4 = Y; 1 to 3 = Z.

Det samlede antal pladser i **PackOnPallet** ARRAY er: 5 * 4 * 3 = 60 stk. Dette ARRAY indeholder således 60 pladser med REAL værdier.

Et ARRAY kan defineres til at starte fra 0. ARRAY herunder indeholder 4 pladser, da plads 0 (nul) og plads 3 tæller med. Fordelen ved et ARRAY der starter med nul er et mere stabilt PLC program, hvis array index pointer ikke er initaliseret.

```
VAR MyArray1D
    ARRAY [0 .. 3] OF INT;
END_VAR
```

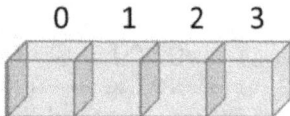

Indsæt en enkelt værdi ind i array

Ved tildeling værdier i et 1-dimensionelt ARRAY, gøres det på følgende måde: Herunder indsættes værdien 5 på plads 4 i **SpeedArray**:

```
SpeedArray [4] := 5;
```

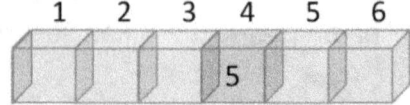

Indsæt værdier i 3-dimensionelt (3D)
ARRAY **PackOnPallet** på denne måde:

```
PackOnPallet [1, 1, 1] := 12.1;
PackOnPallet [5, 1, 3] := 43.9;
PackOnPallet [1, 4, 2] := 23.5;
```

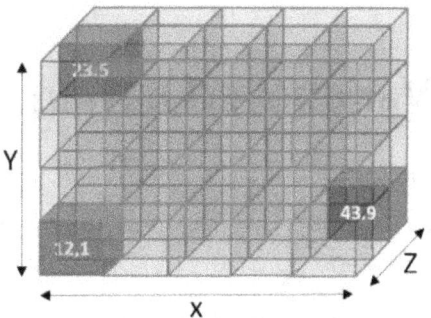

For indsætning af mange værdier i et 3D ARRAY, se afsnit 9.4.2 side 65

Hent værdier fra et array

Her hentes en værdi fra et 1-dimensionelt ARRAY. Værdien, der står på plads 2 i arrayet med navnet **MyArray1D** kopieres til variablen **Var1**.

```
Var1 := MyArray1D [2];
//Indhold af Var1 er 12
```

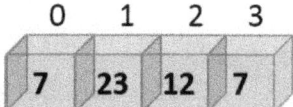

Når der hentes en værdi fra et 3-dimensional ARRAY, gøres det på følgende måde:
Her hentes en værdi over i variablen **Var3**, der vil få værdien 43.9:

```
Var3 := PackOnPallet [5, 1, 3];
//Indhold af Var3 er 43.9
```

VIGTIGT: Der må ikke skrives til områder uden for ARRAY. F.eks. hvis man forsøger, at skrive en værdi til plads nummer 10 i et ARRAY, der er kun har 6 pladser, kan PLC stoppe program afviklingen (Run Time Error). Dette er en typisk fejl, der begås ofte. Måden at undgå dette på, er at sikre at ændringer i ARRAY kun udføres, når en IF-sætning er opfyldt, som vist herunder:

```
Index:= 4;  //Insert 5 at position 4
IF Index > 0 AND Index <= 6 THEN
    SpeedArray [Index] := 5;
END_IF;
```

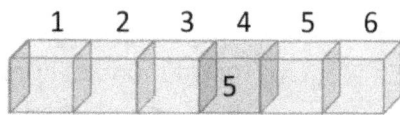

5 Variabel erklæring (variable scope)

Variabler er et central element i programmering. Alle variabler har en datatype.

Når en variabel oprettes, skal den knyttes et *scope (gyldighedsområde)*, - der beskriver variablens opførsel i hukommelsen.

Herunder ses en tabel over de mest typiske variabel scopes i en PLC:

Scope	Beskrivelse
VAR	Mellem VAR og VAR_END er alle de lokale variabler defineret. Der er ikke adgang til lokale variabler uden for funktionen (FUNCTION eller FUNCTION_BLOCK) eller program modulet. **TIPS**: I nogle PLC typer benævnes dette område som *Static*
VAR_GLOBAL	Global variabel erklæringsområde. Variabler i denne sektion kan tilgås fra alle steder i PLC-koden og fra enheder som sidder på en Fieldbus (netværk). F.eks. HMI (skærm til brugerbetjening) Begræns brugen af globale variabler, da det gør PLC-koden uoverskueligt og svært at fejlfinde i.
VAR_INPUT	Bruges af funktioner til variabler der skal *ind* i funktionen. Se mere i afsnit 10.2 side 72
VAR_OUTPUT	Bruges af funktioner til variabler der skal *ud* af funktionen. Se mere i afsnit 10.2 side 72
VAR_IN_OUT	Input og output variabel erklæring til funktioner Det er en adresse på variablen der *overføres* til funktionen og der arbejdes direkte på variablen og *ikke en kopi* som ved VAR_INPUT. Benyttes når en funktion skal arbejde med en STRUCT. Skal bruges med omtanke, da funktionen ændrer i en variabel som ligger uden for funktionen. Se mere i afsnit 10.2 side 72
VAR_EXTERNAL	Hvis et program modul bruger dette scope på en variabel, vil program modulet kunne tilgå den globale variabel af samme navn Skal bruges med omtanke.
VAR_TEMP	Midlertidig variabel erklæring i funktioner. Det betyder at indholdet af variablen, forsvinder når funktionen forlades.

IEC 61131-3 og best practice ST-programmering

Scope	Beskrivelse
AT	Tildel hukommelsesplacering (adresse) til en variabel. Det kan være en IO-adresse (adresse på PLC indgangs-kort eller udgangs-kort). Indgang kan være benævnt %IX1.0, hvor %I fortæller, at det er en indgang eller %QX0.0, hvor %Q fortæller det er en udgang. Der benyttes Q som bogstav for udgang (der bruges ikke O, da dette kan forveksles med nul). Se eksempel i afsnit 5.1, side 28. Hvis der ikke står noget i denne sektion, vil PLC normalt automatisk tildele den næste frie interne adresse i hukommelsen.
CONSTANT	Variabel kan ikke ændres under program kørsel. Benyttes til tal og værdier, som skal være faste gennem hele programmet. Vigtig at benytte dette scope, når samme faste værdi bruges *mere end 1 gang i samme PLC-kode.* Se mere i afsnit 6.2, side 36
RETAIN	Fasthold variabel værdi efter strømsvigt. Gemmes i memory (den interne hukommelse). Vigtigt at bruge til en variabel som indeholder f.eks. timetællere, emnetællere eller lign. da disse tællere ikke må miste den værdi de er kommet til, hvis strømmen forsvinder eller PLC slukkes. Se eksempel i afsnit 5.1, side 28. Ikke muligt i en FUNCTION
PERSISTENT	Som RETAIN. Gemmes i en ACSII fil på harddisken. Vigtigt at bruge til variabler som indeholder f.eks. timetællere, emnetællere eller lign. Ofte kun muligt i en soft-PLC. Når indholdet af variablerne ligger i en fil på harddisken, er det nemt at flytte indholdet, når PLC skal udskiftes Ikke muligt i en FUNCTION
END_VAR	Slut på variabel erklæringsområde. Hver variabel scope afsluttes altid med END_VAR

5.1 EKSEMPEL: Variabler, oprettelse og IO-kort

Dette afsnit viser et eksempel med variabel oprettelse:

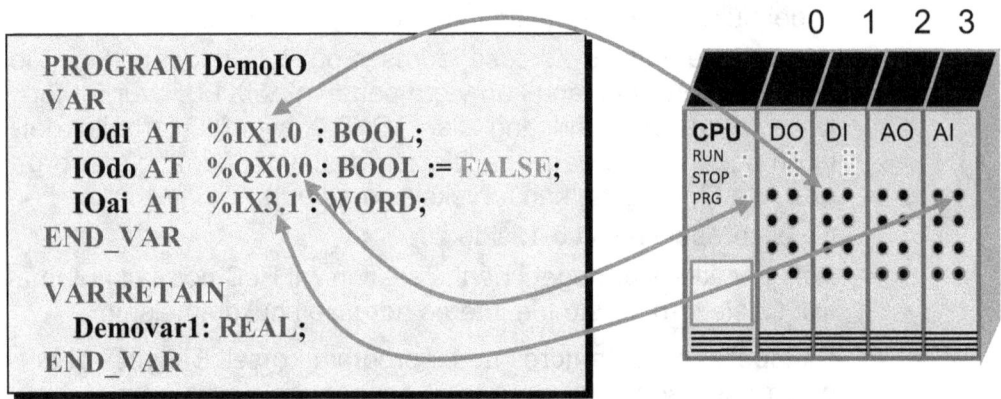

Her er fire lokale variabler i programmodulet, der hedder **DemoIO**. Der er en variabel **IOdi** med datatypen **BOOL** og den har direkte forbindelse til port adresse nr. 0 på hardware indgangskort (PLC IO-kort) nr. 1. Det giver ikke mening at initialisere variablen, da værdien er bestemt af den sensor, som er forbundet til indgangskortet.

Udgangsvariablen **IOdo** er default sat til FALSE for at være sikker på, at udgangen er slukket ved opstart. Den har direkte forbindelse til port adresse nr. 0 på hardware udgangskort (PLC IO-kort) nr. 0 (udgangskort nærmeste CPU).

Indgangsvariablen **IOai** er en analog værdi med datatypen WORD. Et analog indgangskort kan være 16 bit, men er typisk 12 bit eller 13 bit, da de er billigere og det er ikke altid nødvendigt med en 16 bit opløsning. Variablen har direkte forbindelse til port adresse nr. 1 på hardware udgangskort (PLC IO-kort) nr. 3.

Desuden har programmodulet en variabel som hedder **Demovar1**, der har datatypen REAL. **Demovar1** gemmes ved strømsvigt, da den er markeret med RETAIN, så f.eks. en tæller værdi bevares.

Nogle PLC-typer har ikke direkte adressering på et indgangskort eller et udgangskort som vist herover. I nogle PLC-typer skrives der %I* og %Q* og i en mappings-tabel,- en liste med sammenhængen mellem variabler og de fysiske ind-og udgangskort,- hvor der er muligt at forbinde variabler med de fysiske ind-og udgangskort.

6 Variabel navne (naming the variables)

Navngivning af variabler (tags) er vigtig. Dette afsnit og de følgende afsnit gennemgår håndregler og metoder til fornuftig navngivning af variabler.

Ofte har hver virksomhed deres egen regler og holdninger til, hvordan navngivning skal være, så her er vejledninger og eksempler. Mange PLC-programmører har også en holdning til, hvad god navngivning er. Det vigtigste er et sigende navn og en kommentar, der hvor variablen oprettes.

Variabel navne skal begynde med et bogstav, herefter kan navnet indeholde kombinationer af bogstaver, tal og nogle symboler som '_'. Variabel navne må ikke have samme navn som foruddefinerede funktioner, standard-rutiner eller brugerdefinerede funktioner. Variabel navne som f.eks. **ARRAY**, **REAL** eller **INT** er derfor ugyldige.

Krav til variabel navne:

- Ugyldige tegn: ~ @ ; " # % & * : < > ? / \{ | },. SPACE, TAB
- Ofte ugyldige lokale bogstaver, f.eks. danske special tegn: æøåÆØÅ
- Brug korte sigende navne. Nogle PLC har max. antal på 24 tegn
- Må ikke starte med tal.
- Pas på, med at bruge bogstavet O tæt ved tal.
- Der er ingen forskel på store og små bogstaver

TIPS til navngivning med flere ord: Først navneord herefter udsagnsord.

> F.eks. **PumpRun**, hvor *Pump* er navneord og *Run* udsagnsord
> Har ord to navneord, startes med den største komponent:
> F.eks. **PumpSensorError** eller **TankSensorLevel**

Der findes 4 metoder indenfor navngivning:

> **Ungarsk Notation**
> **Camel Case**
> **Pascal Case**
> **Snake Case**

PLC styring med Structured Text (ST)

Ungarsk Notation

Det betyder, at der sættes bogstaver som: i, s, ar, b foran variabel navnet for at fortælle programmøren, hvilken datatype der benyttes. Men det kan have nogle uheldigheder, hvis variablen senere skifter datatype, da variabel navne så skal ændres både i PLC-koden og den tilhørende dokumentation. Desuden kan mange programmeringsværktøjer i dag vise datatypen for en variabel med en **Tooltip** funktion (Lille gul boks, der kommer frem, hvis computermusen holdes over variabel navnet).

Der er disse muligheder: X = BOOL, i = INT, l = REAL, ar = ARRAY, s = STRING,
b = Bit, w= WORD, jw = DWORD, e= ENUM

Eksempler:
- iMotorSpeed   (Hastighed på motor med datatypen **INT**)
- xMotorAlarm   (Alarm på motor defineret som **BOOL** datatypen)
- sMotorAlarm   (**STRING** der indeholder en motor alarm)
- arMotors   (**ARRAY** med motorer)

Camel Case

Denne navngivning benytter begreber fra Camel Case, hvor sammensætningen af navne startes med et lille bogstav og de efterfølgende ord er med stort bogstav:

Eksempler:
- flowMeasureWarningBit
- motorSpeed
- sensorHighSignal
- sensorLow
- blowerStartBit
- calculateError
- motorInitFunction
- powerEstimated

Pascal Case

Der benyttes begreberne fra Camel Case, men der startes altid med stort bogstav.

Eksempler:
- FlowMeasureWarningBit
- MotorSpeed
- SensorHighSignal
- SensorLow
- BlowerStartBit
- CalculateError
- MotorInitFunction
- PowerEstimated

Dette er nok den mest brugte metode i dag, da det er nemt at læse, hurtig at skrive og det giver korte ord.

Snake case

I denne metode benyttes understregning (underscore tegn) til at adskille ord. Der benyttes understregning, da <SPACE> tegn ikke er gyldige til navngivning. Det kan være svært at læse, når der bruges understregning og det gør navnet langt. Nogle PLC-typer tillader et maksimum på 24 tegn i et variabel navn og det giver en udfordring når variabelnavne bliver lange.

Eksempler:
```
flow_measure_warning_bit      blower_start_bit
timer_done_bit                calculate_error
initial_motor_frequency       motor_init_function
sensor_high_signal            power_estimated
```

En stor fordel ved Snake case, er når der benyttes værktøjer til automatik generering af TAGS/variabler til brug i IO-Lister, el-diagram tegninger, PLC og SCADA-kode, da "_" nemt kan udskiftes med "." via søg-og-erstat rutiner.

Ved forkortelse <u>anvend</u> kun standard forkortelser, såsom **Cal** for calculate eller **avg** for gennemsnit. Hvis der benyttes firma specifikke forkortelser eller egne forkortelser, skal der skrives en kommentar i koden eller hvor variablen oprettes, da andre ellers har svært ved at gennemskue hvad forkortelsen betyder.

Herunder er to ens stykker PLC-kode, hvor der benyttes henholdsvis Pascal Case og Snake Case til variabel navne. Overvej hvilken PLC-kode, der er nemmest at læse (den til højre eller den til venstre):

```
IF TankLevel >= EmptyLevel THEN          IF tank_level >= empty_level THEN
   ValveOpen := TRUE;                        valve_open := TRUE;
   IF ValveError = TRUE THEN                 IF valve_error = TRUE THEN
      ValveOpen := FALSE;                       valve_open := FALSE;
   END_IF;                                   END_IF;
END_IF;                                   END_IF;
```

Hvad skal man vælge?

Hvilken af de fire navngivningsmetoder der er bedst, er ofte en holdningssag og bestemt af hvad man tidligere har arbejdet med.

Det er også vigtigt at vælge meningsfulde navne til variabler. Et eksempel på dette kunne være en variabel, der skal vise en status for pumpe nr. 141. Dette kunne give variabel navne som:

>Pump_Status_141, Status_141, P141_Status, Pump141Status, PumpStatus_141, P141S, ...

Hvor **Pumpe141Status** er det bedste valg, da navneord kommer først. Nummeret på pumpen (141), som passer til navneordet (Pumpe) kommer efter navneord og til slut er udsagnsordet (Status). Der er desuden valgt Pascal Case som navngivningsmetode, da det giver korte variabel navne.

Typisk bruges variabel navne med kun ét bogstav: i, j, x, y, z, k, n som iterativ variabel (f.eks. tællere og løkker) og indeks/pointere i **ARRAY**. Det er hurtigere, at skrive et enkelt bogstav end at skrive f.eks. ArrayIndex. Typisk anvendes x, y og z i koordinatsystemer.

Variabel navne som **Temp1** og **Temp2** kan anvendes som midlertidige variabler. Disse variabel navne bør dog ikke bruges meget, da de ikke er særlig sigende.

Variabel navne som indeholder ord som **New** og **Ny** skal anvendes med forsigtighed, da de jo ikke er nye for den programmør, som skal rette koden senere.

Nogle programmører foretrækker også at bruge datatypen, som en del af variabel navnet. For eksempel Int_Number_of_Run og Real_Initial_Temperature. Det minder lidt om Ungarsk Notation og giver nogle lange navne og det giver besvær hvis datatypen senere skal ændres.

En ekstra fordel kunne være, at tilføje hver variabel et unikt nummer foran, så variablerne er nemmere at identificere og søge efter i PLC-koden:

>**B8040_MotorSpeed** **S213_PumpAlarm**
>**B8041_MotorCurrent** **S101_PumpSpeed**
>**B8044_MotorPower** **S001_SoftWareVersion**
>**B9000_ValueToHMI** **S501_ReadFieldbusData**

De nævnte metoder er navngivning til variabler. Men metoderne kan fint bruges til navngivning af funktioner, funktionsblokke og program moduler.

En del programmører bruger **fb** og **fc** foran egne funktioner og funktions blokke:

> **fbCalculateArea**   **fcArrayFindMin**
> **fcMotorStatus**   **fcArrayFindMax**

Mange indbyggede standard funktioner og rutiner bruger ikke **fb** og **fc** ved navngivning, så det er svært at være konsekvent.

Navngivning som B1, B2, B3, B4 ..... er ikke OK, med mindre det er brugt i opgaveformuleringen.

Navngivning af **STRUCT** (se side 19) kan med fordel tilføjes *TYPE* til navnet, så det er nemt at se, at der er en **STRUCT**.

Alarm tekster kan både være af datatypen **STRING**, som indeholder en tekst og **INT** hvis der er tale om et alarm nummer. Der kan være flere sprog på betjeningspanelet til styringen, så navngivning kunne være:

> **sAlarmMotorLoad_DK**   "Alarm motor overbelastet"
> **sAlarmMotorLoad_UK**   "Alarm motor overload"
> **iAlarmMotorLoad**   12004

Ved navngivning følger mange virksomheder inden for proces industrien (mejeri, bryggeri, medicinal, olie) S88 standarden (ANSI/ISA-88). Den angiver en navngivning som afhænger af sensor typen og det område den befinder sig i. Den navngivning går helt fra IO-listen og styringsspecifikationen til PLC-programmet og test-dokumenter. Det gør det nemt at finde rundt i variablerne, PLC-koden og dokumentationen. Der er sporbarhed i hele styringen og det giver færre misforståelser og en bedre kvalitet.

Eksempler:

> FZ.MM01.UE01.PO3   FZ_MM01_UE01_PO3
> FZ.MM02.UE01.M01   FZ_MM02_UE01_M01
> FZ.MM02.UE01.TT01   FZ_MM02_UE01_TT01

Hvor **PO3** er "Control Module", **UE01** er "Equipment Module" og **MM01** er "Process Celle", når navngivningen følger S88 standarden.

6.1 Variabler med enhed (Unit)

Mange variabler har behov for at være til knyttet en enhed (UK: Unit) ellers giver det ikke mening. Hvis f.eks. en variabel er oprettet til at repræsentere en temperatur skal man vide om temperaturen er i °C (grader celsius) eller °F (grader Fahrenheith, som benyttes i USA). For at gøre det nemt for programmøren kan man informere om enheden, ved at tilføje det til variabel navnet. En variabel som måler temperatur i grader °C kan skrives som f.eks. **MeasureTemperatureC**, hvor °C angiver enheden. Enheden kan også skrives i kommentar feltet, hvor variablen oprettes.

Eksempler på andre (udvalgte) variabler, som kræver en enhed:

Variabel	Udvalgte mulige enheder
Tid, periode	us, s, minutter, timer, dage, uger, år **#1)**
Speed, hastighed	m/s, km/t, km/h, rpm, %, mph, mm/s, tf/s
Amount, mængde	kg, g, nr., kr., dollars, stk., liter, flasker, colli
Vægt	kg, g, tons, mg, %
Ilt	mg/l, %, g, l
Forbrug	W, kWh, kr., l, kg, $, m, m2, m3, A, k/j, g, l/h

Det er vigtig, at have styr på alle enheder og i nogle PLC-styringer, er der krav om at PLC selv kan ændre enheder, når brugeren ønsker dette. Dette gælder specielt, hvis samme PLC- styring benyttes til flere lande, f.eks. temperatur visning i °C eller °F. Det er typisk styringsløsninger til USA og Canada, hvor der kan være krav om at kunne ændre enheden online på temperatur værdier.

Omregningen mellem °C og °F er en formel, der kan findes på Internettet. Her er det vist hvordan formelen programmeres, når °F skal beregnes ud fra °C værdi:

```
VarF:= (VarC * 9/5) + 32;
```

Enheder bør være SI-enheder (m, kg, s, A) og vær opmærksom på SI-præfiks.

Visning på brugergrænseflader (HMI) og datalog til filer og rapporterer m.m. skal ofte være med max. to decimaler. Skal en værdi udskrives med to decimaler på en HMI, gøres det ofte, ved at skrive **%f5.2** i et tekst felt på HMI. **%f** betyder FLOAT (**REAL**) værdi og **.2** betyder to decimaler efter punktum som vist her:

$$23.45 \ [°C]$$

Enheder skrives ofte i tekst med firkant parenteser for at øge læsbarheden. F.eks. temperatur [°C]. Dette gælder både i HMI og den tilhørende dokumentation.

Det giver god mening af oprette en funktion til omregningen mellem forskellige temperatur skalaer, da det er et stykke PLC-kode, som skal bruges flere gange og til andre kunder. Det er vist et eksempel på dette i afsnit 10.3, side 75.

Tid, periode #1)
Bemærk: Tid kan være vanskelig at arbejde med i en PLC, der benyttes internationalt. Der er forskel på hvilken dato lande skifter mellem sommer og vintertid. Samt om søndag er første dag i ugen og hvornår uge 1 begynder i et kalender år.

Eksempler på variabler som har enhed som en del af navnet:

    TemperatureC
    TemperatureF
    MotorSpeedHz
    MotorSpeedPercent
    ConsumptionW
    ConsumptionKWH
    MotorUseA

6.2 Variabler med konstante værdier (CONSTANT)

Variabler der ikke kan ændres under program kørsel, betegnes som en konstant værdi (**CONSTANT**). De benyttes til tal, der bruges *mere end 1 gang i samme kode*. Dette giver en sikkerhed for, at alle steder hvor tal benyttes bliver rettet.

- Ofte skrives **CONSTANT** variabel navne med store bogstaver (Upper-Case).

Hvornår skal der oprettes en konstant?

Hvis de er behov for flere steder i PLC-koden at gange eller dividere med f.eks. 25.4, som er konverteringsfaktoren mellem millimeter og tommer, bør der oprettes en konstant, for eksempel: **MILLIMETERS_PER_INCH** = 25.4.
Omvendt, er det ikke sandsynligt, at konverteringsfaktoren mellem millimeter og tommer senere skal ændres. Hvis den skal ændres, kan 25.4 nemt ændres med en "søg og erstat" funktion. Det tager længere tid at skrive **MILLIMETERS_PER_INCH** end at skrive 25.4. Men det kan ske, at andre 25.4 værdier blive ændret når "søg-og-erstat" funktionen udføres, hvilket er meget uheldigt.
Benyttes konstanter fremfor tal, giver det desuden et selvforklarende program.

Definitionen af længden i forbindelse med oprettelse af **ARRAY**, bør altid defineres som konstanter, da de bruges flere steder i PLC-koden og det kan give et ustabilt program, hvis ikke alle definitioner ændres, når længen på et **ARRAY** ændres. Længden på et **ARRAY** ændres ved f.eks. test af et **ARRAY**. Se evt. side 66, hvor **BufArrayMin** og **BufArrayMax** er oprettet som konstanter og de benyttes sammen med et **ARRAY**, der hedder **BufArray**. Ved at tilføje **Min** og **Max** til array navnet, er det mere tydligt at se, at de alle hører sammen.

Argumenter for at bruge konstanter:

> 1) PLC-koden er mere læsevenlig
> 2) Undgå fejl ved ændring af konstanter og tal
> 3) Spar tid ved ændring af tal

Eksempler på konstanter
    PI:=   3.1415927
    SECONDS_DAY:=   86400

7 Matematik og Logik (MATH and LOGIC)

De følgende afsnit omhandler de operatorer, der findes til matematik og logik samt de matematik funktioner en PLC har indbygget.

7.1 Matematiske operatorer (Arithmetic Operators)

Tabel over de almindelige matematiske operatorer (matematik symboler):

Operator	Forklaring (UK)	Forklaring (DK)	Funktioner	Eksempel V1 = 2 V2 = 5	? Y =
+	Addition	Plus	Y:= **ADD**(V1,V2);	Y:= V1 + V2;	7
-	Subtract	Minus	Y:= **SUB**(V1,V2);	Y:= V1 – V2;	-3
*	Multiply	Gange	Y:= **MUL**(V1,V2);	Y:= V1 * V2;	10
**	Exponent	Opløftet i, X^y	Y:= **EXPT**(V1,V2);	Y:= V1 ** V2;	32
/	Divide	Division	Y:= **DIV**(V1,V2);	Y:= V1 / V2;	0,4
MOD	Modulo	Modulus (Find rest efter division)	Y:= **MOD**(V1,V2);	Y:= V2 **MOD** V1;	1

Hvor V1, V2, Y kan være variabler eller tal (hel tal eller decimal tal)

PLC styring med Structured Text (ST)

Der kan benyttes de indbyggede funktioner: **ADD**, **SUB**, **MUL**, **EXPT**, **DIV**, men det giver mest mening, at bruge det tegn, der er nævnt i **Operator** kolonnen i tabellen herover, da det ligner "normal" matematik og er den metode der benyttes i matematiske formler og andre beregningsprogrammer.

Ikke alle PLC-typer understøtter **. Brug **EXPT** funktionen: Y:= **EXPT**(V1, V2);

Det er en af styrkerne i ST-programmering, at de matematiske beregninger, ligner de metoder, der benyttes i matematik-programmer og det gør at beregninger, er nemme at skrive, at fejlfinde på og læse direkte i koden.

Eksempel på brug af de matematiske operationer, kan ses på side 43 og side 98.

Til beregninger er det vigtigt at vælge variabler som har en datatype, der kan rumme beregningen. I de fleste tilfælde vil en **REAL** variabel være en passende datatype.
Hvis der f.eks. vælges **INT** som datatype, kan beregningen i nogle tilfælde give variabel overløb (variabel overflow, pga. en for lille eller forkert datatype), hvis der foretages beregninger med store tal. Se desuden afsnit 8.3, side 47.

Dette kan illustreres med nedenstående eksempel:

> Beregningen **Y = V1**V2**, (Y = $V1^{V2}$)
>
> hvor V1 = 10 og V2 er 10, giver
>
> Y = 10000000000
>
> Dette tal kan ikke være i en **INT** datatype.

VIGTIGT
Vælg en passende datatype. Vælges en for stor datatype (f.eks. **LREAL** eller **LWORD**) bruges mere hukommelse og det belaster PLC mere end nødvendigt.

7.2 Logiske operatorer (Relational operators)

Til at sammenligne relationen mellem to værdier (heltal eller decimal tal), er det muligt at benytte logiske operatorer. De to værdier kan være variabler eller tal. Resultatet af sammenligningen er en værdi, som altid har datatypen boolean (BOOL) og kan derfor kun være TRUE eller FALSE.

Der er følgende typer af logiske operatorer:

Operator	UK	DK
=	Equal	Lig med (det samme, ens)
<	Less than	Mindre end
<=	Less or equal	Mindre end eller lig med
>	Greater then	Større end
>=	Greater than or equal	Større end eller lig med
<>	Not equal	Forskellig fra / ikke ens

Eksempel på brug:

```
HeaterOn := Temperature < SetPoint;
```

Datatyperne for **Temperature** og **Setpoint** er begge REAL. Udtrykket kan benyttes, hvis f.eks. en varmelampe skal være tændt, hvis temperaturen er for lav.
Temperature kan måles med en temperatur sensor og signalet sensoren kommer ind via et analog indgangskort.
På **SetPoint** indstilles på den temperatur, hvor varmelampen skal tænde.

Virkemåde for eksemplet:

HeaterOn vil være TRUE, hvis **Temperature** er lavere end **SetPoint**. Da udtrykket **Temperature < SetPoint** returnerer en variabel af datatypen BOOL, skal **HeaterOn** være en BOOL datatype. **HeaterOn** kan være en digital udgang på IO-kortet, som ved TRUE trækker et relæ, der tænder en varmelampe.

Logiske operatorer benyttes mest i sammenhæng med IF-sætninger, se side 53.

7.3 Matematik funktioner (Numeric Operators)

Dette afsnit beskriver de indbyggede matematik funktioner i en PLC.

Matematik funktioner har én inputparameter og det er et tal, typisk en datatype som er INT eller REAL. Ofte skal retur parameter fra funktionen være af typen REAL. Det er vigtig at sikre at inputparameteren er gyldig. F.eks. er det ikke muligt at kalde LN med værdien 0, da det ikke er matematisk korrekt og en PLC kan stoppe programafviklingen (Run Time Error). Korrekt programafvikling kan f.eks. gøres på følgende måde, hvor x er inputparameter og Y er resultatet:

```
IF x <> 0 THEN
   Y = LN(x);  //Only calculate if x is not zero
END_IF;
```

Herunder er en tabel over de indbyggede matematik funktioner i en PLC:

Funktion	Virkemåde (Eksempel hvor a = 2, b = 5, c = 8)
NEG	Ændre et positiv tal til negativ og omvendt. Det samme som a:=a * -1
INC	Tæller 1 op, Lægger 1 til forgående tal. INC(a) = 3. Det samme som a:= a + 1; UK: Increment
DEC	Tæller 1 ned, DEC (a) = 1. Det samme som a:=a - 1; UK: Decrement
TRUNC	Konverter en REAL værdi til en INT værdi. INGEN afrunding af heltal. TRUNC(3.9) = 3 TRUNC(-2.5) = -2 Funktionen fjerner tal efter punktum
FRAC	Decimal værdien af et REAL tal. FRAC(2.8) = 0.8, FRAC(-3.49) = 0.49
ABS	Absolut værdi. Funktionen sikrer altid en positiv værdi. ABS (-1.2) = 1.2 ABS (3.4) = 3.4 ABS (-3) = 3
FLOOR	For positive værdier er dette tal mindre end eller lig med inputparameteren. For negative værdier er det større end eller lig med inputparameteren. FLOOR(2.8) = 2 FLOOR(-2.8) = -3

SQR	Denne funktion beregner x^2 (opløftet i 2). SQR(4) = 16, Det samme som x * x , (x gange x)
SQRT	Denne funktion beregner kvadratroden. SQRT (4) = 2, SQRT(9) = 3
LN	Den naturlige logaritme. LN(2.71828) ≈ 1 (bølget lighedstegn betyder ca.)
LOG	Den naturlige logaritme med base 10. LOG(10) = 1.
EXP	Eksponentiel funktion. Det samme som e^x eller e^x, e = 2.718281828 EXP (1) = 2.718281828
SIN	Sinus funktion. SIN(a) = 0.35 (GRAD) **#1)**
COS	Cosinus funktion. COS (a) = 0.99939 (GRAD) **#1)**
TAN	Tangent function. TAN(a) = 0.03492 (GRAD) **#1)**
ASIN	Arc-sinus funktion. Invers sinus funktion. $SIN^{-1}(x)$, Sinh(x) **#1)**
ACOS	Arc-cosinus funktion. Invers cosinus funktion $COS^{-1}(x)$, cosh(x) **#1)**
ATAN	Arc-tangent funktion. Invers tangent funktion $TAN^{-1}(x)$, tanh(x) **#1)**
EXPT	Opløftet af en variabel med en anden variabel. a^b = EXPT (a,b) = 2^5 = 32

Ovenstående er alle indbyggede funktioner i en PLC. Dvs. funktioner, der kan bruges, uden at der skal tilføjes ekstra biblioteker eller program moduler. Der kan være lidt variation i forhold til de enkelte PLC-typer. Det anbefales altid at kigge i manualen fra den enkelte PLC-type igennem, for at få overblik og se mulighederne for matematiske funktioner og rutiner.

Husk at tjekke variabel typer for de enkelte funktioner.

#1) For rutiner til omregning mellem radian (RAD) og grader (GRAD), se side 49.

7.4 Logik, AND OR NOT (Logical Operators)

Logik benyttes til at sammenligne to forskellige BOOL variabler eller værdier. Resultatet af sammenligningen er en værdi, som altid har datatypen boolean (BOOL) og kan derfor kun være TRUE eller FALSE.

Der er følgende muligheder og med udvalgte eksempler:

Operator	Beskrivelse	Eksempel S1:= TRUE, S2:= FALSE S3:= TRUE	Resultat
&	OG, Kun TRUE hvis begge er TRUE	K1:= S1 & S2 K2:= S1 & S3	K1 = FALSE K2 = TRUE
AND	OG, Kun TRUE hvis begge er TRUE	K1:= S1 AND S3 K2:= S1 AND S2	K1 = TRUE K2 = FALSE
OR	Eller. Resultat er TRUE hvis én værdi er TRUE	K1:= S1 OR S2 K2:= S1 AND S3	K1 = TRUE K2 = TRUE
XOR	Resultat er TRUE hvis værdier ikke er ens.	K1:= S1 XOR S2 K2:= S1 XOR S3	K1 = TRUE K2 = FALSE
NOT	Ikke, TRUE giver FALSE FALSE giver TRUE	K1:= S1 AND NOT S2 K2:= NOT S1 K3:= NOT S2	K1 = TRUE K2 = FALSE K3 = TRUE

Logik benyttes mest i sammenhæng med IF-Sætninger, som beskrives side 53

AND kan benyttes ved serieforbindelse af komponenter (sensorer og kontakter), hvor alle komponenter skal give TRUE signal, for at det samlede udtryk er TRUE.
OR kan benyttes hvis komponenter er forbundet parallelt, hvor bare én component skal give TRUE signal, for at det samlede udtryk er TRUE.

Operatorerne kan også bruges direkte på f.eks. binære værdier:

```
Var1 := 2#10010011 AND 2#10001010;   // Var1 er 2#10000010
```

```
Var2 := Var1 OR 2#10001010;   // Var2 er 2#10001010, DEC138
```

7.5 Matematiske formler (MATH calculations)

Det er vigtigt, at være opmærksom på, hvordan matematiske formler beregnes i en PLC. Er man i tvivl om, hvordan værdier bliver beregnet, - om det er plus før gange eller gange før plus i en formel, skal man benytte parenteser.

> De matematiske regler siger, at *gange* bliver udført før *plus*, men erfaring viser, at man ikke kan være 100% sikker på, at de matematiske regler overholdes i en PLC eller at formlen er skrevet korrekt i PLC- koden. Så brug parentes!

Hvis den matematiske formel indeholder boolske udtryk som f.eks. **AND** eller **OR**:

```
X:= B1 OR B2 AND B3;
```

Så opfattes **AND** som "gange" og beregnes først. **OR** opfattes som "plus".

Det betyder: Hvis værdien af **B2** er FALSE, er udtrykket **B2 AND B3** = FALSE.

Hvis du er usikker på beregningen, sæt parentes som vist herunder:

```
X:= B1 OR (B2 AND B3);
```

Det næste eksempel er denne formel:

$$V1 = \frac{V2}{V3} + \sqrt{(V4 + V5)}$$

Formlen kan skrives således i PLC-koden med ekstra parenteser:

```
V1: = (V2/V3) + (SQRT(V4 + V5));
```

SQRT er den matematiske funktion i en PLC, der beregner kvadratrod. Funktionen har én input parameter. V4 og V5 bliver lagt sammen, inden funktionskald.

8 Arbejde med variabler (variable assignment)

Variabler er en central ting i programmering. I dette afsnit gennemgås nogle af de grundlæggende ting, man skal være opmærksom på, når der arbejdes med variabler. Variabler kaldes i nogle PLC-typer for **TAGS** eller **PLC-tags**.

> **Definition:** *En variabel peger på en kasse i hukommelsen, og den indeholder en plads, hvori der kan skrives en talværdi. Størrelsen på kassen afhænger af datatypen og det er vigtigt at huske.*

Herunder er vist, at en variabel ved navn **VarA** får en kopi af det tal, som er i variablen **VarB**. Bemærk, brugen af kolon, lighedstegn og semikolon:

```
VarA:= VarB;
```

Efterfølgende kan **VarB** tildeles en værdi på 17.6 på denne måde:

```
VarB:= 17.6;
```

Der benyttes *altid punktum* i en PLC, når der arbejdes med decimal tal.
Både variablen **VarB** og **VarA** er af datatypen **REAL** (der benyttes til decimal tal).

Hvis datatypen for **VarB** er en **INT** (heltal), er det normalt, at compileren (det program hvori PLC-koden skrives) kommer med en advarsel (compiler warning), om at data vil gå tabt, da tallet, man forsøger at skrive i **VarB,** er et decimaltal (17.6). Dette skyldes at variablen **VarB**, kun kan rumme heltal, når den har datatypen **INT**.

Når der arbejdes med variabler, er beregninger nemt i ST-programmering.
Der er en beregning, skrevet direkte i PLC-kode:

```
VarB:= 17.6 * 8 + VarA;
```

Hvis indholdet af variablen **VarA** er 23, er indholdet af **VarB** 163,8.

Herunder er variablen **Count,** som ved hvert program-gennemløb (program-scan) forøges med 1 (der lægges 1 til den forgående værdi). Programafviklingen har en intern variabel til beregninger (kaldet: Stack/Akkumulator) og den tager en kopi af variablen **Count**, lægger 1 til og lægger den nye værdi tilbage i variablen **Count**:

```
Count:= Count + 1;
```

Hvis **Count** er af data typen INT, skal man være opmærksom på, at når **count** når værdien 32767 vil den næste gang skifte til -32768. Det er programmørens opgave at sikre, at der ikke sker overløb på en variabel. Der er 2 metoder: Enten benyttes en større variabel til **count** f.eks. DINT eller begrænses tælleren med en betingelse (IF-Sætning), der sætter variablen til 0, når tallet bliver stort. Den sidste metode er den bedste, da der aldrig sker overløb af variablen:

```
Count:= Count + 1;

IF Count > 99 THEN //To avoid overrun
    Count:= 0; //Reset counter
END_IF;
```

Som vist herover tæller **Count** variablen 1 op for hvert program-scan. Hvis PLC scan-tid er indstillet til 1 [ms], vil det tage 100 [ms] før **Count** sættes til 0.

TIP: Ovenstående tæller kan fint bruges som program Hardbeat (hjerteslag), så det er muligt, at se aktivitet på sit kørende PLC-program.

Der findes indbyggede tælle funktioner: CTU, CTD og CTUD. Se mere side 88.

8.1 Matematiske beregninger (MATH calculations)

Matematik og beregninger, hvor der bruges formler, er nemt i ST-programmering. Det er en af de store fordele ved ST. Dog er der en række ting, som man skal være opmærksom på, når der arbejdes med matematiske funktioner og formler. Det er områderne, som beskrives i de følgende afsnit:

- Division med 0 (afsnit 8.2, side 46)
- Beregning med INT and REAL (afsnit 8.3, side 47)
- Decimal fejl med REAL (afsnit 8.4, side 48)

8.2 Division med 0 (Division by zero)

En PLC indlæser data fra forskellige sensorer og de kan være nul, uden man lige tænker over det. F.eks. en temperaturmåler som i opstillingen på kontoret virker fint med 20 °C Grader, men bliver temperaturen nul, går det galt. Dette kan vises med nedstående beregning, hvor **VarC** er lig med **VarA** divideret med **Temperature**:

```
VarC:= VarA / Temperature;
```

Bliver **Temperature** nul, vil PLC få en run time error og/eller kan blive ustabil, da det er en ugyldig matematisk operation i en PLC.

For at sikre, at PLC ikke får run time error på noget tidpunkt og minimere risikoen for senere fejl, kan ovenstående PLC-kode ændres til:

```
IF Temperature <> 0 THEN
    VarC:= VarA / Temperature;
END_IF;
```

Beregningen udføres således kun, hvis **Temperature** ikke er nul (<> = forskellige fra)

En anden mulighed for at sikre beregningen kan udføres, er denne løsning:

```
IF Temperature = 0 THEN
    Temperature:= 0.0001;
END_IF;
```

BEMÆRK: Disse matematiske funktioner kan ikke tåle at x er nul: LN(x) og LOG(x).

8.3 Beregning med REAL og INT (Calculating)

Beregninger kan foregå med både heltal (INT) og decimal tal (REAL). Hvis gennemsnit af to heltal skal findes, skal man overveje, hvilke variabel typer der benyttes og hvordan beregningen foregår. I nedenstående eksempel er alle variabler af type INT (den brune kasse viser værdien af variablen):

```
24    varA  10   :=10;
25    varB  15   :=15;
26    VarC  0    :=VarA  10  /VarB  15  ;
```

Resultat er, at **VarC** giver nul, da **VarC** er et heltal. Beregningen er en divisionen mellem 2 heltal, der giver et decimal tal (10 divideret med 15 giver ikke et heltal, men giver 0,67). For at beregningen lykkes, skal beregningen foregår i en REAL. Beregningen i en PLC foregår ved, at benytte den datatype til beregningen som den første variabel i formlen har, altså datatype for **VarA**. Det har ingen betydning i beregningen om **VarC** er en REAL, dog skal **VarC** være en REAL for ellers kan resultatet ikke gemmes (Det er ikke muligt at gemme en REAL i en INT)

Løsningen er at indholdet fra **VarA** kopieres over i **VarC**. Beregningen foretages derfor i en REAL variabel internt. Koden skal se således ud:

```
    varA  10      :=10;
    varB  15      :=15;
    VarC  0.667   :=VarA  10  ;
    VarC  0.667   :=VarC  0.667  /VarB  15  ;
```

Et tips er derfor at tjekke, om beregningen giver det forventede, da beregninger i en PLC kan snyde, i forhold til hvad man kender fra sin lommeregner. Benyt din lommeregner eller et matematik program til at foretage en kontrol beregning.

I nogle PLC-typer foretages en beregninger i en accumulator (acc), hvor tal skal kopieres til og fra. Men her gælder de samme regler.

8.4 Decimal fejl med REAL (decimal errors)

Når der foretages beregninger med REAL, vil man kunne opleve, at en værdi ikke er et rundt tal. Måske forventes det, at værdien for en variabel, er et rundt helt tal som f.eks. 11, men tallet viser 10.999999. Dette skyldes, at en computer kun kan arbejde med heltal og en REAL værdi, *er en tilpasset værdi.* Dette kan give et problem ved sammenligning af tal. Dette vises med nedenstående eksempel, hvor en variabel **Lamp1** skal sættes til 1, når REAL variablen **Sensor1** bliver 11.

```
IF Sensor1 = 11 THEN
   Lamp1:= 1;
END_IF;
```

Det er ikke sikkert ovenstående PLC-kode vil virke, dvs. at **Lamp1** bliver sat til 1, da der kan være en decimal fejl, som gør at **Sensor1** aldrig bliver nøjagtig 11. Ovenstående skal derfor ændres til nedstående PLC-kode, hvor **Sensor1** skal ligge i et område frem for en enkelt fast værdi. Området ligger mellem 10.99 til 11.01:

```
IF (Sensor1 > 10.99) AND (Sensor1 < 11.01) THEN
   Lamp1:= 1;
END_IF;
```

Alternativt, kan afrundingsfunktionerne **FLOOR**() eller **TRUNC**() benyttes. Se side 40.

Det er muligt at implementere en afrundings funktion (her afrundes til 1 decimal):

1) Gang sensor måle værdien med 10
2) Konverter tal til en INT variabel med funktionen: REAL_TO_INT();
3) Konverter tal tilbage til en REAL variabel med funktionen INT_TO_REAL();
4) Divider tallet med 10

Problemer med afrunding kan f.eks. opleves ved at en motor ikke står helt stille, da hastigheden ikke er helt 0 (nul) eller en tank er fysisk tom, men niveau sensor viser lille værdi. En flowmåler kan også vise en lille værdi, selvom anlægget ikke er i drift. Det kan dog skyldes manglende kalibrering (nul stilling) af instrumentet.

8.5 Datakommunikation med variabler

Der er ofte behov for at overføre variabler til de andre computere, som er en del af den samlede automationsløsning. Dette afsnit beskriver områder som kræver opmærksomhed i forbindelse med data kommunikation.

Det kan opleves, at der er problemer med at overføre REAL variabler til andre PLC, PC eller elektriske apparater. Dette skyldes, at der er forskellige tolkninger på hvordan en REAL eller FLOAT værdi opfattes i de forskellige computere. (En computer arbejder kun i heltal). Det kan også skyldes forskellige program versioner eller at 16, 32, 64 og 128-bit systemer opfatter REAL og FLOAT forskelligt. Dette løses ved altid at overføre tal i datakommunikation som heltal. Tal kan så ganges med 100 for at få tal med to decimaler med og modtager skal så dele med 100 for at få det rigtig decimal tal med to decimaler.

Der kan være udfordringer med at overføre STRINGS mellem computere. Dette skyldes at der forskellige håndteringer og fortolkninger af STRINGS. Dette kan være en forskellige bit-størrelser, Unicode og valg af ASCII-tegnsæt (ASCII) der giver udfordringerne. Desuden er længden af en STRING anført på plads nul i nogle programmeringssprog. Konverter STRING til BYTE, så er det "nemt" at få data overført.

Start altid med at få hul igennem datakommunikationen med at læse en WORD. Husk at nogle computere har swappede WORD værdier (De 8 laveste bit er byttet med de 8 højeste bit) og at tal, hvor der står 0X foran er et HEX tal.

I nogle PLC fylder en BOOL 16-bit og kan derfor lige så godt være en INT.

8.6 Data type konverteringsfunktioner

Hvis der er behov for at flytte indholdet af en variabel med én data type, til en variabel med en anden data type, er der en række indbyggede funktioner, som skal benyttes. Nogle PLC-typer har mere end 100 forskellige konverteringsfunktioner til de forskellige datatyper. Navngivningen og format for funktionerne er følgende:

> Type1_TO_Type2 (ConvertFrom);

Hvor

> Type1 er datatype af den variabel, der konverteres fra.
> Type2 er den datatype, der konverteres til.

PLC styring med Structured Text (ST)

Tabel med udvalgte data type konverteringsfunktioner:

Funktion	Fra	til	Eksempel	Kommentar
REAL_TO_INT	REAL	INT	Val:= REAL_TO_INT(1.6); \\Val = 2 Val:= REAL_TO_INT(1.3); \\Val = 1	Der afrundes til nærmeste heltal (IEC60559)
INT_TO_REAL	INT	REAL	Val1:= INT_TO_REAL(4); \\Val1 = 4.0	Fra heltal til decimal
INT_TO_BOOL	INT	BOOL	Val2:= INT_TO_BOOL (1); \\Val2 = TRUE	1 giver TRUE og 0 giver FALSE. Check selv, hvad andre værdier konverteres til
INT_TO_TIME	INT	TIME	Val3:= INT_TO_TIME (5); \\Val3= T#5ms	Konverterer et heltal til time værdi med enheden [ms] TIME kan kun konverteres til et heltal, da TIME er en tæller der tæller fra 00:00:00 UTC [1)
RAD_TO_DEG DEG_TO_RAD	LREAD	LREAD		Omregning mellem radian og grader. Benyttes sammen med SIN og COS funktioner

Funktionen REAL_TO_INT skal bruges, hvis der skal konverteres fra en REAL variabel (decimal tal) til en INT variabel (heltal).

Det er vigtigt at sikre, at tal *kan* konverteres, da det kan give en fejl der gør at PLC stopper program afviklingen eller programmet bliver ustabilt.

#1) DATE er konverteret fra et internt elektronik kredsløb, der er en del af den hardware som er i en PLC. Dette kredsløb tæller tiden i sekunder fra 00:00:00 UTC 1.1.1970 (Koordineret universaltid, atomur). Bemærk at næste Y2K problem optræder i år 2038.

8.7 Find binære værdi fra et heltal

I nogle tilfælde er der behov for at konvertere (omsætte) et heltal til en binær værdi, og på den måde kontrollere om et specifikt bit i en variabel er sat (TRUE). Dette kaldes også at udmaske den binære værdi fra et heltal. Benyttes f.eks. hvis signaler på digital udgange (f.eks. lamper) skal sættes på bagrund af et heltal.

Dette kan gøres på en enkel måde: Skriv punktum og et tal (bit plads nr.) efter variablen som vist herunder:

```
MyUINT:= 3;           //Unsigned INT datatype. The BIN value is 2#0011
MyBOOL2:= MyUNIT.0;   //Get bit 0 from myUNIT value
```

MyBOOL2 (BOOL datatype) er TRUE, da plads 0 i **MyBOOL** indeholder den første bit og den første bit er 1 er i et tal, der har værdien 3.

Ovenstående kan også skrives som:

```
MyUINT4:= MyUINT AND 2#001;      //Where MyUNIT = 3 = 2#0011
MyBOOL:= UINT_TO_BOOL (MyUINT4); // Convert to a BOOL
//The result is that MyBOOL is TRUE
```

Hvor AND bruges til at udmaske bit på plads nr. 0. Hver bit i de to tal (**MyUNIT** og **2#001**) bliver "ganget sammen binært" og da resultatet er 1, bliver slutresultat TRUE. Når der står "**2#**" foran et tal betyder det, at tallet skal fortolkes som et binært tal.

Hvis der er behov for at resultatet skal være en BOOL, skal datatype konverteringsfunktionen UINT_TO_BOOL benyttes.

Herunder er et eksempel, hvor en variabel **Var1** (UNIT) benyttes til at sætte tre digitale udgangssignaler. **OutputbitX** bliver sat til TRUE, hvis en binær værdi er 1 i **Var1**:

```
OutPutBit1:= UINT_TO_BOOL(Var1 AND 2#00001); //Set bit if bit 0 is TRUE
OutPutBit2:= UINT_TO_BOOL(Var1 AND 2#00010); //Set bit if bit 1 is TRUE
OutPutBit3:= UINT_TO_BOOL(Var1 AND 2#00100); //Set bit if bit 2 is TRUE
```

8.8 Konverter REAL til 2 decimaler (2 digit REAL)

Hvis en REAL værdi konverters til en STRING og skal udlæses på HMI eller til en ACSII fil, vil tallet ofte være med 7 til 9 decimaler. Det er ikke særlig læsbart og brugervenligt med så mange decimaler. Der er 7 til 9 decimaler, da det er den måde en computer håndterer et decimal tal. En LREAL har 15 decimaler.

Metoden herunder konverterer tallet **RealNumber** til et tal med 2 decimaler. Hvis der ønskes 3 decimaler skal konstanten **DecimalFactor** være 1000:

```
VAR CONST
    DecimalFactor : REAL := 100;  //10 for 1 digits, 100 for 2 digits, 1000 for 3 digits
END_VAR

IF DecimalFactor > 0 THEN  //Avoid division by zero (0)
    RealNumber:= (RealNumber * DecimalFactor) + 0.5;   //+ 0.5 to round up    #1)
    RealNumber:= REAL_TO_INT(RealNumber);              // Convert to integer  #2)
    RealNumber:= INT_TO_REAL(RealNumber);              // Convert to decimal  #3)
    RealNumber:= RealNumber/DecimalFactor;             // Add decimal         #4)
END_IF;
```

DecimalFactor er oprettet som en CONST, da tal benyttes flere gange.

Beregningseksempel, hvor 50,7175 konverteres til 50,72:

#1) (50,7175 * 100) + 0,5 = 5072,25
#2) REAL_TO_INT (5072,25) = 5072 (heltal)
#3) INT_TO__REAL(5072) = 5072 (decimal tal)
#4) 5072/100 = **50,72**

VIGTIGT
Afrunding skal *ikke* foretages inden andre beregninger, da det fjerner information. Der skal kun foretages afrunding, hvis tal skal vises til brugeren:

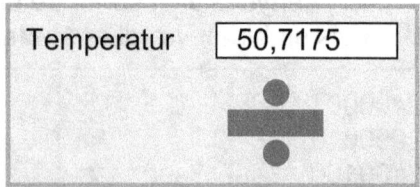
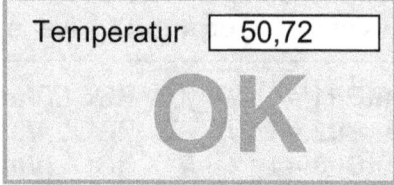

Tal vises med komma, da decimal tal i Danmark skrives med komma.

9 Betinget erklæring (Conditional Statement)

De følgende afsnit omhandler de centrale erklæringsbegreber i ST.

I beskrivelserne erstattes <Betingelse> og <Erklæring> af variabler, udtryk og kode.

9.1 IF-THEN-ELSE

En IF-THEN-ELSE erklæring (HVIS – SÅ – ELLERS) – eller sætning, som den ofte kaldes – er det udtryk, der benyttes mest i ST-programmering.

En IF-sætning kan f.eks. bruges til at kontrollere om en digital sensor giver signal (f.eks. en elektrisk start kontakt, en ON/OFF switch eller niveau kontakt i en pumpe brønd). Hvis den digitale sensor giver signal, skal der udføres en handling og handlingen kan f.eks. være en pumpe skal starte eller en lampe skal lyse. En IF-sætning kan bruges ved både analoge og digitale input-signaler samt interne variabler.

Den generelle format af denne erklæring er:

```
IF <Betingelse> THEN
    <Erklæring>
END_IF;
```

Hvor:

<Erklæring> = Kan indeholde en eller flere linjer PLC-kode, der altid skal afsluttes med END_IF og semikolon.

<Betingelse> = Et udtryk, der altid er enten sandt (TRUE) eller falsk (FALSE). Hvis udtrykket er sandt, bliver koden i <Erklæring> udført.

Linjen med <Betingelse> kan f.eks. være et indgangssignal fra en elektrisk afbryder eller sensor og linjen med <Erklæring> kan være et udgangssignal, der tænder eller slukker en lampe eller en motor.

Der kan tilføjes en ELSE til udtrykket:

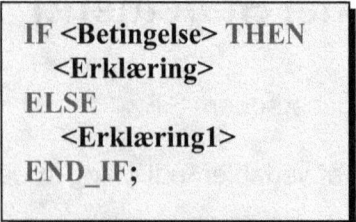

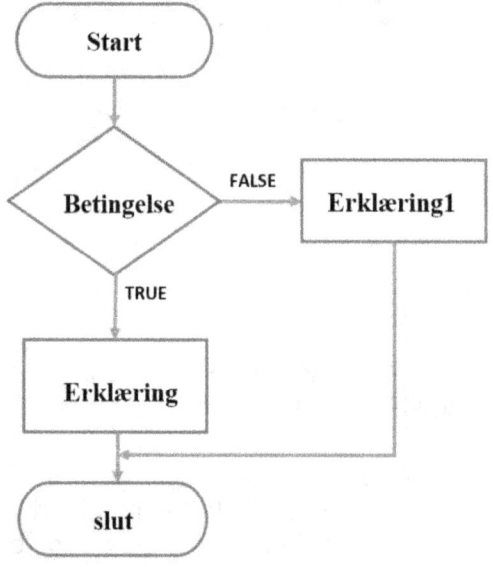

Som det ses er ELSE delen i en IF-sætningen valgfri og bemærk at linjen med <erklæring> er rykket ind (2 x mellemrum) for at gøre hele udtrykket mere læsbart.

Virkemåde:
Hvis <Betingelse> er opfyldt (TRUE), bliver PLC koden i <Erklæring> udført. Hvis <Betingelse> *ikke* er opfyldt (FALSE) udføres PLC koden, der står i <Erklæring1>.

Flowchart med IF-ELSE udtryk

BEMÆRK: Hvis <betingelse> indeholder (kolon) ":" betyder det, at der kontrolleres om variabel tildelingen gik godt og det er normalt ikke hensigten!
Husk derfor, at der kun skal stå = (lig med) i <Betingelse> som vist herunder:

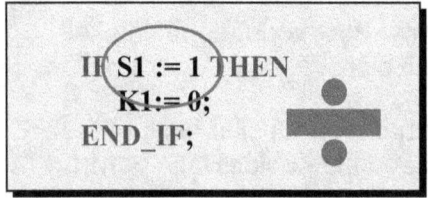

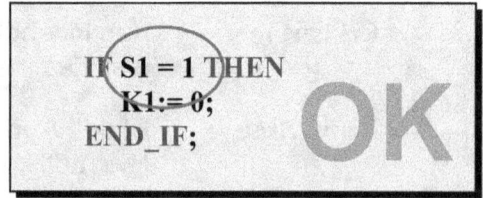

Det er muligt at lave udtrykket mere komplekst, som dette viser:

```
IF <Betingelse1> THEN
   <Erklæring1 >
   IF <Betingelse2> THEN
      <Erklæring2>
   ELSE
      <Erklæring3>
   END_IF;
ELSE
   <Erklæring4>
END_IF;
```

Virkemåde er følgende:

PLC koden i **<Erklæring1>** afvikles, hvis **<Betingelse1>** er opfyldt (TRUE). Efter udførelsen af **<Erklæring1>** bliver udtrykket i **<Betingelse2>** kontrolleret og hvis den opfyldt (TRUE), vil **<Erklæring2>** udføres; ellers udføres **< Erklæring3>**. Hvis **<Betingelse1>** ikke er opfyldt (FALSE), bliver **< Erklæring4>** udført i stedet.

Men pas på, for det bliver hurtigt uoverskueligt med mange ELSE!

VIGTIGT
Hvis der er mange (mere end 3) betingelser, kan IF-THEN-ELSE erklæringer være svære at læse. En CASE erklæring (se side 58) kan erstatte komplekse IF-sætninger for at øge læsbarheden af koden. Det minimerer også muligheden for fejl i komplekse IF-THEN-ELSE sætninger, når andre skal rette eller tilføje noget.

Desuden reduceres antallet af linjer PLC-kode, når mange ens IF-sætninger erstattes af en CASE. En reduktion på mere end 50% i antallet af linjer PLC-kode er ikke unormalt, når CASE erstatter IF-sætninger. Se eksempel side 61.

PLC styring med Structured Text (ST)

Det er muligt at tilføje en ELSIF, for at kontrollere flere forhold:

```
IF <Betingelse1> THEN
   <Erklæring1>
ELSIF <Betingelse2> THEN
   <Erklæring2>
ELSE
   <Erklæring3>
END_IF;
```

Virkemåde er følgende:

PLC koden i **<Erklæring1>** vil blive udført, hvis **<Betingelse1>** er opfyldt. Hvis ikke, bliver **<Betingelse2>** kontrolleret, og hvis den er opfyldt (TRUE), bliver PLC koden i **<Erklæring2>** udført. Hvis ikke **<Betingelse1>** eller **<Betingelse2>** er opfyldt, vil PLC-koden i **<Erklæring3>** blive udført.

Det anbefales at bruge CASE frem for ELSIF, da det er mere læsbart.

9.1.1 EKSEMPEL: IF-THEN-ELSE relæ med selvhold

Dette eksempel viser en motor, der er styret af et relæ med selvhold. Der er en start kontakt med variabel navnet **B1Start,** der har datatypen BOOL og det er en **N**ormally **O**pen (NO) kontakt. Derudover er der en stop kontakt **B1Stop** med datatypen BOOL og det er en **N**ormally **C**lose (NC) kontakt:

```
IF  B1Start THEN        //Normally Open (NO)
   K1Motor:= TRUE;      //run motor
END_IF;

IF  NOT B1Stop THEN     //Normally Close (NC)
   K1Motor:= FALSE;     //Stop Motor
END_IF;
```

Når **B1Start** aktivers, sættes **K1Motor** til TRUE og motoren starter. **K1Motor** er fastholdt som TRUE, selvom **B1Start** ikke aktivers efterfølgende. Datatypen for **K1Motor** er BOOL. Aktiveres **B1Stop** vil **K1Motor** sættes til FALSE og motoren stopper. Der er skrevet NOT foran **B1Stop**, da **B1Stop** signal er kortsluttet fysisk i den elektriske kontakt og er derfor TRUE på det digitale indgangskort.

9.1.2 EKSEMPEL: IF-THEN-ELSE åben og luk ventil

Det følgende eksempel tjekker alarm fra en pumpe og trykket i forhold til et setpunkt:

```
IF ((PumpAlarm = TRUE) AND (PumpPressure > PumpSetPoint)) THEN
    PumpValveOpen := TRUE;   //Open value
ELSE
    PumpValveOpen := FALSE;  //Close valve
END_IF;
```

Hvis hele betingelsen, - markeret med () i IF-sætningen,- er opfyldt (TRUE), åbnes ventilen **PumpValveOpen** ellers lukkes ventilen. **PumpAlarm** kan være en digital indgang af datatypen BOOL. **PumpPressure** er variabel med datatypen REAL og kan være en analog-indgang, der får signal fra en tryksensor. **PumpSetpoint** (ønsket indstilling af trykket, som pumpen skal regulere efter) er en REAL og kan være en værdi, som brugeren kan indstille, f.eks. via et betjeningspanel (HMI).

Ovenstående PLC-kode eksempel kan omskrives til:

```
PumpValveOpen := FALSE;   //#1 Note

IF (PumpAlarm = TRUE) AND (PumpPressure > PumpSetPoint) THEN
    PumpValveOpen := TRUE;   //#2 Note
END_IF;
```

Dette betyder en linje kode mindre og er for nogle programmører nemmere at læse.

BEMÆRK:
Da udgange på en PLC først ændres, når *alt* PLC-kode er gennemløbet (et program scan), vil den fysiske ventil ikke lukke (se #1) og derefter hurtigt åbne (se #2) igen.

For at gøre PLC-koden endnu mere simpel, kan den omskrives til:

```
PumpValveOpen := PumpAlarm AND (PumpPressure > PumpSetPoint);
```

Variablen **ValveOpen** sættes til TRUE eller FALSE, uden at bruge en IF-sætning.

9.2 CASE

CASE er en betinget sætning der benyttes, når der skal udføres forskellige handlinger (events) på baggrund af én variabel. CASE skal bruges, hvis en IF-sætning bliver for kompleks, - dvs. indeholder mange IF- og ELSE-sætninger. CASE er rigtig god til sekvensstyring (state machine eller tilstandsmaskine) og er ofte benyttet, når f.eks. en maskine befinder sig i forskellige drift-tilstande (f.eks. STOP, STARTING, RUN, STOPPING) eller til en proces i et mejeri (f.eks. NONE, CREAM, SKIM_MILK, WHOLE_MILK, WATER_FLUSH).

En CASE konstruktion har dette format:

```
CASE <Betingelse> OF
  <Selekt Værdi 1> : <Erklæring 1>;
  <Selekt Værdi 2> : <Erklæring 2>;
  <Selekt Værdi 3> : <Erklæring 3>;
  ...
ELSE
  <Erklæring ELSE>
END_CASE;
```

Virkemåde:

Den variabel der bestemmer handlingen er **<Betingelse>** og kan kun være et heltal.

De forskellige værdier variablen **<Betingelse>** kan antage, skrives i sektionerne **<Selekt Værdi 1>, <Selekt Værdi 2>** og **<Selekt Værdi 3>** efterfulgt af kolon ":".

Det som skal udføres, skrives i **<Erklæring X>** (hvor **X** er 1,2 eller 3) sektionerne og det kan være PLC-kode. Er denne PLC-kode længere end 4 til 6 linjer, bør der oprettes en funktion eller program modul, for at gøre PLC-koden mere læsbar.
Hvis **<Betingelse> = <Selekt Værdi 2>** vil PLC-koden i **<Erklæring 2>** blive udført.

Der behøver ikke være PLC-kode i **<Erklæring X>** sektionen.

De tre prikker (dots) "**...**" angiver, at der kan være et frit antal linjer, dog mindst 1 linje.

ELSE sektionen er valgfri. Men det anbefales, at der altid er noget PLC-kode der udføres under denne sektion. f.eks. en alarm besked eller fejlbesked, så programmøren er opmærksom på, at der er foretaget et programkald til ELSE sektionen.

9.2.1 EKSEMPEL: CASE – Indstilling af hastighed

Her er et eksempel på brug af CASE, hvor hastigheden af en motor og en ventilator indstilles på en elektriske kontakt med variabel navnet **MotorSwitch** (INT data type). Kontakten sættes i step fra 1 til 6, som kan være 6 forskellige spændingsniveauer.

```
MotorFan:= 0;   //Turn off the motor cooling

CASE MotorSwitch OF
  1, 2 : MotorSpeed := 25;   //Two values in CASE, separated by comma
  3    : MotorSpeed := 35;   //One value in CASE
  4..6 : MotorSpeed := 50;   //Interval CASE: start no. .. end no
         MotorFan:= 1;       //Turn on the motor cooling
ELSE
  MotorSpeed := 0;   //Use as default
END_CASE;
```

Forklaring til eksempel:

Hvis **MotorSwitch** variablen er 1 eller 2, vil hastigheden **MotorSpeed** blive 25. Hvis **MotorSwitch** er 3, vil hastigheden **MotorSpeed** blive 35. Hvis **MotorSwitch** er 4, 5 eller 6, vil hastigheden **MotorSpeed** blive 50 og ventilatoren der er styret af **Motor-Run** kører. Hvis **MotorSwitch** er ikke 1 til 6 vil **MotorSpeed** blive 0.

Når **MotorFan** variablen altid sættes til 0 (ventilation slukket) inden CASE koden begynder, er det nemt at sætte **MotorFan** til 1 i den CASE hvor ventilationen skal køre. På den måde undgås det, at skulle sætte linjen **MotorFan** = 0 ind i alle andre CASE.

Som det ses i eksemplet, sikrer ELSE i udtrykket at **MotorSpeed** bliver 0 (sætter motor hastighed til nul), hvis **MotorSwitch** har en værdi som CASE sætningen ikke kender, - det sikrer, at PLC-koden har en bedre kvalitet og at *der er taget stilling* til, hvad der skal ske, hvis **MotorSwitch** har en ukendt værdi.
Alternativt til ELSE er at placere **MotorSpeed** := **0** inden CASE afvikles.

Det anbefales at erstatte værdierne **1, 2, 3, 4, 6** med variabler, oprettet som CONSTANT, da variabler optræder flere steder i samme PLC-kode og der er risiko for, at programmøren "glemmer" at ændre alle steder i koden, hvis det er nødvendigt at ændre værdierne. Se mere om CONSTANT side 36 og **ENUM** side 21.

9.2.2 EKSEMPEL: CASE – Til afvikling af programmer

Dette afsnit gennemgår et eksempel, hvor CASE bruges til at afvikle forskellige program moduler (sekvensstyring). Se mere om opdeling i program moduler, side 68.

Eksempel er vist med og uden brug af CONSTANT.

Der er værdien af **ProgramSelect** der afgør, hvilket program modul der skal afvikles:

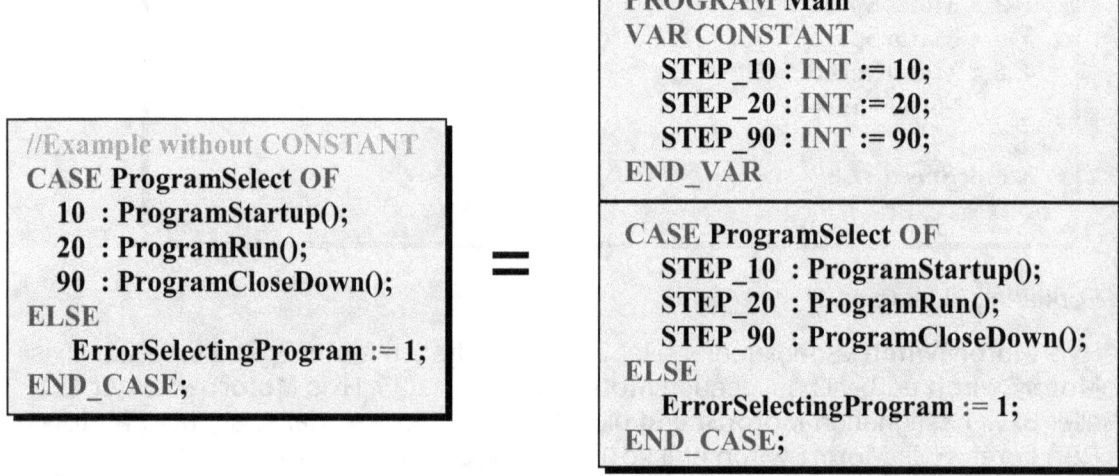

Virkemåde:

Hvis **ProgramSelect** er 10, så er det program modulet **ProgramStartUp** der afvikles. Inde i **ProgramStartUp**, ændres **ProgramSelect** til at være 20, således at **ProgramRun** afvikles i næste program-scan, i stedet for **ProgramStartUp**.

Hvis **ProgramSelect** bliver tildelt en værdi, som ikke er implementeret (optræder) i CASE bliver variablen **ErrorSelectingProgram** = 1, således at programmøren kan få besked om, at der ikke blev valgt et program modul.

De faste værdier som **ProgramSelect** kan have er: 10, 20 eller 90. Der er bevidst lavet et spring mellem værdierne, så der er plads til fremtidige udvidelser. De kan alle oprettes som CONSTANT, så de er nemme af finde i PLC koden og de rettes ét sted.

VIGTIGT   Det giver god software struktur, at benytte CASE til at afvikle forskellige program moduler. CASE giver et meget bedre overblik, end mange IF-sætninger og specielt ELSE-IF-sætninger.

9.2.3 EKSEMPEL: CASE – Til genkendelse af tal

I dette afsnit er et eksempel, hvor CASE bruges til at genkende tal. Det kunne være en række bestemte passwords, som skal genkendes, for at en bruger kan få adgang til betjeningspanelet (HMI). Der er ofte forskellige niveauer for adgang f.eks.:

        Operator password
        Administrator password
        SuperUser password

I eksemplet herunder er en variabel **PassOK** med datatypen BOOL, brugt til at bestemme om **PassSelect** indeholder et gyldigt password. Der startes med at sætte variablen **PassOK** til FALSE og hvis variablen **PassSelect** indeholder en af værdierne 1747, 3309, 5607, 1234 eller 1027 sættes variablen **PassOk** til TRUE:

```
PassOk := FALSE; //No valid password number

CASE PassSelect OF
   1747, 3309, 5607, 1234, 1027: PassOk := TRUE //Valid password number
END_CASE;
```

Eksemplet viser at CASE er en mere enkel løsning, end at benytte mange IF-sætninger, da ovenstående løsning vil kræve fem IF-sætninger (15 linjer PLC-kode) eller en meget lang IF-sætning, som vist i eksemplet herunder:

```
PassOK := FALSE;  //Default, if not found in the IF line below

IF PassSelect = 1747 OR PassSelect = 3309 OR PassSelect = 5607 OR
       PassSelect = 1234 OR PassSelect = 1027 THEN
    PassOK := TRUE; // Valid password number
END_IF;
```

Som det ses herover, kan der skrives lange linjer, men koden bliver svær at læse. Det anbefales at skrive kode linjer, der ikke er længere end det som kan ses på skærmen, så koden er nemmere at læse og fejlrette i.

9.3 Løkker (Iteration statement, LOOPS)

Løkker benyttes, når et stykke programkode skal gentages et bestemt antal gange. Løkker benyttes ofte, når alle værdier i et ARRAY skal have en bestemt værdi eller maksimum eller minimum værdi skal findes i et ARRAY. På side 66 er et eksempel, hvor gennemsnitsværdien findes af tal i et ARRAY.

Det er vigtigt at sikre, at der ikke opstår en uendelig løkke (DEAD LOCK) i en PLC. Det er en situation, hvor bruger alt CPU kraft på, at arbejde med løkken og er en typisk fejl, der bliver begået. For at sikre at løkken altid afsluttes, skal den afsluttes efter en maksimal tid eller et maksimalt antal gennemløb.

De følgende afsnit viser forskellige metoder til implementering af løkker.

9.4 FOR - løkke (FOR-DO Statement)

Denne type løkke er den mest brugte. En FOR-løkke gennemløbes altid et bestemt antal gange. Det er bestemt af en startværdi og en slutværdi.

Format er som vist herunder:

```
FOR <startværdi> TO <slutværdi> DO
  <erklæring>
END_FOR;
```

Hvor:

<startværdi> = Er en tælle variabel (INT eller DINT), tildelt en start værdi
<slutværdi> = Når tælle variablen har denne værdi, er det sidste gennemløb
<erklæring> = Indeholder det PLC-kode, der skal afvikles ved hvert gennemløb. Kan være en eller flere PLC-kode linjer.
Linjer inden for FOR-løkken bør starte med indryk (Brug 2 X SPACE) fordi det er nemmere at læse.

BEMÆRK   Det er ikke lovligt ændre på tælle variablen i **<Erklæring>** sektionen – det forstyrrer program afviklingen!

En FOR-løkke tæller altid 1 frem hver gang. Hvis der er behov for, at tælle mere end 1 frem adgangen, kan der tilføjes **BY**. Dog er denne udgave ikke brugt så ofte.

Hvis der er behov for at tælle baglæns (**StartValue** > **EndValue**) skriv BY -1.

Format med **BY** er:

```
FOR <startværdi> TO <slutværdi> BY <tilvækst> DO
   <erklæring>
END_FOR;
```

BEMÆRK: De mindre PLC-typer, som ikke har meget regnekraft, kan ikke håndtere store FOR-løkker, og dette giver for store scan-tider. I dette tilfælde anbefales det, at reducere FOR-løkken eller opdele FOR-løkken i flere mindre FOR-løkker og placere disse i forskellige program moduler og afvikle dem med forskellige scan-tider.

VIGTIGT

En typisk fejl ved en FOR-løkke er, at første eller sidste plads i ARRAY ikke får tildelt en værdi. Samt at FOR-løkken "løber" længere end længden på ARRAY og derved kan der komme en run time error (RTE). Programmet kan gå ned eller blive ustabilt. Se eventuelt sidst i afsnit 4.6, side 23.

Som tælle variabel i en FOR-løkke, bruges ofte variabel navne som i, j, n eller m.

Hvis der er behov for at forlade FOR-løkken inden alle gennemløb er afsluttet, er det muligt at tilføje EXIT. Det kan være, at der søges efter en bestemt værdi i et ARRAY og når den værdi er fundet, giver det ikke mening at forsætte løkken.

Format med **EXIT** er:

```
FOR <startværdi> TO <slutværdi> DO
   <Erklæring>
   IF <Betingelse> THEN //#1
     EXIT;           //Exit the loop
   END_IF;
END_FOR;
```

Som vist herover, skal der tilføjes en IF-sætning (#1) inden i FOR-løkken og bliver <Betingelse> opfyldt (TRUE), vil EXIT blive udført og FOR-løkken afsluttes straks.

9.4.1 EKSEMPEL: FOR – løkke med 4 gennemløb

I dette afsnit er et eksempel, hvor der oprettes et ARRAY med fire elementer, der alle har datatypen INT og hver af elementerne sættes til tallet 7 i en FOR-løkke:

```
VAR
    n : INT; //Counter
    BufArray : ARRAY [1 .. 4] OF INT;
END_VAR

FOR n:= 1 TO 4 DO //Repeat 4 times
    BufArray[n]:= 7; //Insert value
END_FOR;
```

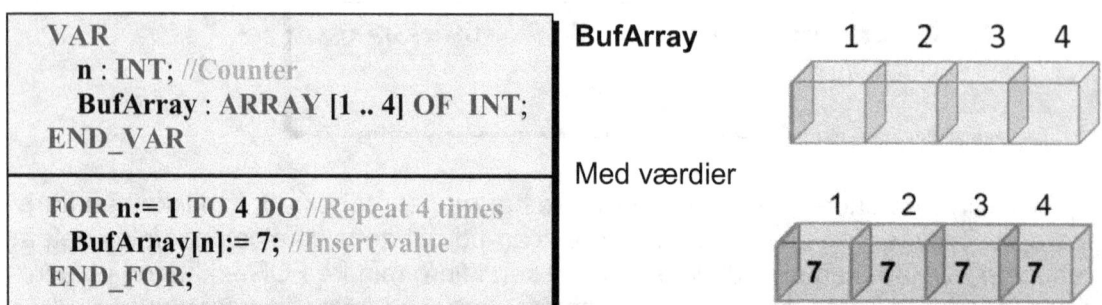

Som det ses, fremkommer tallet 1 og 4 to gange i eksemplet. Når ARRAY oprettes og i FOR-løkken. Derfor bør disse tal oprettes som en CONSTANT, da en typisk fejl er, at programmøren senere glemmer, at rette begge steder i koden.

FOR-løkken i eksemplet ovenfor, kan omskrives til disse fire linjer PLC-kode:

```
BufArray[1] := 7;
BufArray[2] := 7;
BufArray[3] := 7;
BufArray[4] := 7;
```

Her kan det ses, at variablen **n** der benyttes af FOR-løkken tæller 1 op, hver gang løkken tager ét gennemløb. I hvert gennemløb sættes tallet 7, ind på den plads i **BufArray,** som variablen **n** aktuelt har.

Som det ses erstatter FOR-løkken således 4 linjer PLC-kode.

Der kan indsættes enkelte værdier, direkte ind i **BufArray** på denne måde:

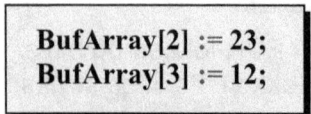
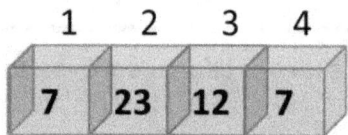

9.4.2 EKSEMPEL: FOR – løkke og 3D Array

Eksemplet i dette afsnit viser, hvordan alle elementer i et 3-dimensionel ARRAY med navnet **Array3D** sættes til 1. Denne metode kan benyttes lige efter program start, eller hvis alle pladser i ARRAY skal have en bestemt værdi.
Der oprettes tre hjælpe variabler: x, y og z, der benyttes som indeksering i ARRAY.

Til at definere størrelsen på **Array3D**, er der oprettet tre CONSTANT variabler: **X_MAX**, **Y_MAX** og **Z_MAX**, så det er nemt at ændre størrelsen på ARRAY senere. Det kan være at ARRAY skal have en anden størrelse under test og opbygningen af PLC-koden, og ved at bruge CONSTANT bliver alle de steder ændret samtidig.

```
PROGRAM MAIN
VAR CONSTANT
   X_MAX : INT := 10;
   Y_MAX : INT := 20;
   Z_MAX : INT := 30;
END_VAR
VAR
   x, y, z : INT;   //Index to the 3D Array
   Array3D : ARRAY [1 .. X_MAX, 1 .. Y_MAX, 1 .. Z_MAX] OF INT ;
END_VAR

FOR x:= 1 TO X_MAX DO
   FOR y:= 1 TO Y_MAX DO
      FOR z:= 1 TO Z_MAX DO
         Array3D[x, y, z] := 1;    //Set current position to 1
      END_FOR;
   END_FOR;
END_FOR;
```

Et 3D ARRAY kan f.eks. benyttes til: Placering af pakker på en palle i en produktion, et højlager, containere på en havn eller et stort parkeringshus.

I ovenstående eksempel er der oprettet 10 x 20 x 30 = 6000 elementer med INT variabler. Det kan belaste de mindre PLC-typer, når der skal gennemløbes en løkke med 6000 elementer. Hvis det er tilfældet, kan der oprettes et antal 2D ARRAY i stedet, da et 3D ARRAY, altid kan omskrives til et antal 2D ARRAY.

9.4.3 EKSEMPEL: Beregning af gennemsnitsværdi

Det følgende eksempel viser, hvordan en FOR-løkke kan benyttes til at beregne gennemsnitsværdi af en række tal gemt i et ARRAY. Det forudsættes, at de tal der skal beregnes gennemsnit af, allerede er gemt i **BufArray**:

```
PROGRAM Average
VAR CONSTANT
  BufArrayMin : INT := 0;
  BufArrayMax :INT := 9; //Must be higher than BufArrayMin
END_VAR

VAR
  i                  : INT;    //Counter variable in FOR LOOP
  BufArray           : ARRAY [BufArrayMin .. BufArrayMax] OF REAL;
  BufArrayTotalSum : REAL;   //Calculator for the total value sum
  BufArrayAverage   : REAL;   //Average value of the BufArray
END_VAR
```
```
BufArrayTotalSum := 0; //Reset calculator #1)

//Sum all values from the buffer into BufTempVar #2)
FOR i := BufArrayMin TO BufArrayMax DO
  BufArrayTotalSum := BufArrayTotalSum + BufArray[i];
END_FOR;

//Calculate average
BufArrayAverage := BufArrayTotalSum /( BufArrayMax – BufArrayMin + 1 );
```

Oversigt over ARRAY, der har 10 pladser:

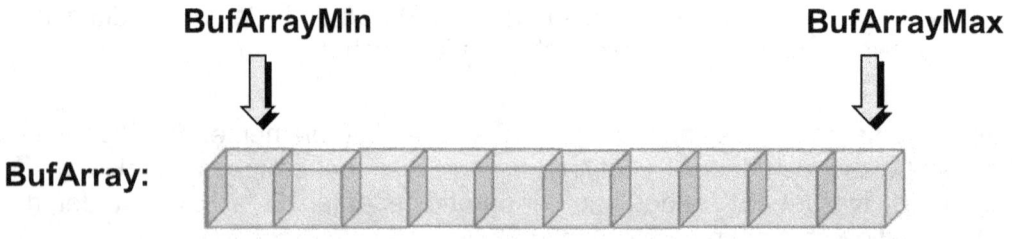

Forklaring the program eksemplet:

Konstanter
Der er oprettet to konstanter **BufArrayMin** og **BufArrayMax**, da konstanterne bruges tre gange i PLC-koden og ved ændring i længden på **BufArray** er der sikkerhed for, at alle konstanter bliver ændret.

Navngivning
Konstanter og **ARRAY** har samme fornavn **BufArray**, for at vise de hører sammen.

Virkemåde for eksempel er følgende:

BufArrayTotalSum er en variabel, der indeholder den totale sum og den oprettes med datatypen **REAL**. Som det første initialiseres variablen **BufArrayTotalSum** til værdien 0 (nul) for, at sikre at indholdet er nul ved start. Se PLC kode #1)

Det næste der udføres, er at alle tal, som er i **BufArray** lægges sammen ved brug af en FOR-løkke. Der startes med det tal i **BufArray** som **BufArrayMin** peger på, og den sidste værdi, der er i **BufArray** er det som **BufArrayMax** peger på. Bemærk at det antal gange som FOR-løkken gennemløber, er **BufArrayMax – BufArrayMin + 1** gange, da første og sidste gennemløb tæller med. Se PLC kode #2).

BufArrayTotalSum indeholder nu alle tal lagt sammen. For at finde gennemsnit, er der tilslut divideret med det antal gange, som FOR-løkken er gennemløbet. Resultatet ligger efterfølgende i **BufArrayAverage** variablen.

Det er vigtigt at sikre sig, at beregningen **BufArrayMax – BufArrayMin + 1** ikke giver nul, da en PLC ikke kan håndtere, at der foretages division med nul.

Beregning af gennemsnit værdi i en PLC er ofte brugt til at udglatte signaler fra analoge sensorer. Ved at udglatte signalerne vil "støj" kunne fjernes fra målingen. Ulempen ved en FOR-løkke til dette formål, er at **ARRAY** bruger meget hukommelse, tager CPU-tid og beregningen af gennemsnitsværdi medregner alle værdier. Derfor kan det være en fordel, af bruge et digitalt filter, læs mere om digitalt filter på side 100.

10 Opdeling i program moduler

Opdeling i program moduler og funktioner er en af de grundlæggende og vigtige byggesten i et struktureret PLC-program. De indeholder hver især et lille stykke PLC-kode, der kan kaldes igen og igen. Program modulerne skal have et sigende navn (se evt. under navngivning af variabler, afsnit 6, side 29)

For at have en god struktur og et struktureret program, er det en god håndregel kun at have max. 20 – 25 linjer PLC-kode i hvert program modul. Det er meget nemmere at overskue et lille stykke PLC-kode, end ét stort kæmpe program.

Desuden er det nemmere at flytte og rette i små stykker PLC-kode. Det kan være at afviklingsrækkefølgen skal ændres eller nogle program moduler skal gøres inaktive ved fejlsøgning (Gøres ved at sætte tegnet // foran program modul navnet)

Herunder er vist et hovedprogram, som foretager kald til tre underprogrammer:

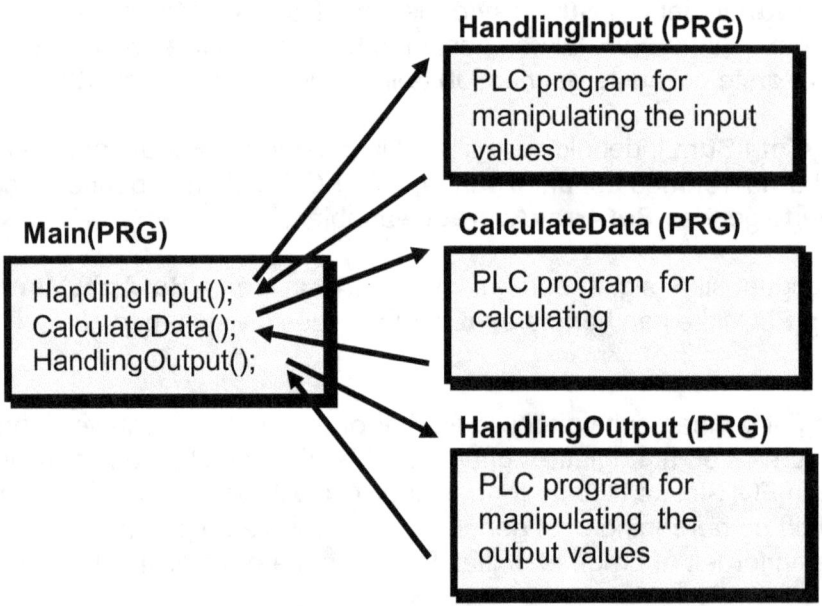

Hovedprogrammet **Main** bliver kaldt i hvert program-scan. Først afvikles programmet **HandlingInput**, da den står først og når alt PLC-kode i det program modul er afviklet, fortsættes til **CalculateData** programmet. Tilslut afvikles **HandlingOutput**.

Herefter gentages det hele, når scan-tiden er udløbet. Er scan-tiden 50 [ms] bliver **Main** programmet kaldt hver gang 50 [ms] er gået. Det er vigtigt, at den samlede gennemløbstid for alle fire program moduler er under 50 [ms]. Indeholder program modulerne store arrays eller mange beregninger, er det ikke sikkert at alle program moduler er afviklet inden for scan-tiden. For at løse dette, skal scan-tiden øges eller programmerne kikkes igennem, for at se om noget kan reduceres tidsmæssigt. Husk at programmer har en variabel gennemløbstid, da der kan være **IF**-sætninger eller **CASE**-sætninger med betingelser, der ikke altid er opfyldt. Regn derfor med worst-case program gennemløbstid og beregn ekstra tid i hvert program-scan.

Der er mange måder at opdele et program på. Her er en inspirationsliste til opdeling:

- Sensorer på en side af maskinen
- Digitale input fra elektriske kontakter og afbrydere
- Alle motorer til ventilation
- Behandling af værdier til/fra HMI (brugerbetjenings panel)
- Program opstarts procedure
- Afvikling af program sekvenser
- Program modul til stop af maskine
- Alarm overvågning
- Fejl håndteringer på maskinen
- Håndtering af datakommunikation til andre PLC

10.1 Funktioner

Funktioner er en vigtig byggesten i et PLC-program. En funktion indeholder et lille stykke PLC-program kode, der kan kaldes igen og igen. Funktioner kaldes ofte for paramenterbare blokke, procedurer eller subrutiner. Funktioner skal have et sigende navn (se evt. under navngivning af variabel, afsnit 6, side 29)

Et funktions-kald til **MyFunction** gøres på denne måde:

```
MyFunction ();
```

Ovenstående funktions-kald er uden parametre, da der intet er i parenteserne. Det er muligt at kalde en funktion med en eller flere inputværdier (parametre), som funktionen efterfølgende skal behandle eller regne på. Når funktions-kaldet afsluttes, afleveres en eller flere værdier (parametre), som det overlæggende program kan arbejde videre med.

Her er vist et funktions-kald med to parametre (to input værdier), 12 og 3:

> **MyFunction1 (12, 3);**

Fordelen ved at anvende funktioner, er at PLC-koden kan genbruges. Kode genbrug reducerer størrelsen af programmet, giver færre syntaksfejl og er nemmere at gennemskue for andre og det er hurtigere at skrive programmet.

Det er muligt at foretage beregninger inden et kald til en funktion. Her er vist to tal 3 og 7 der lægges sammen, lige inden funktionen kaldes:

> **MyFunction2 (3 + 7);**

Beregningen bliver foretaget *inden kald til funktionen* og input værdien til funktionen er derfor 10.

Skal funktionen aflevere værdier når funktionen afsluttes (resultat af en eller flere beregninger), kan dette kun gøres med variabler, da funktionen skal have en "hylde" i hukommelsen til at aflevere værdierne i.
Når en funktionen kaldes med en input variabel, vil funktionen hente værdien i den pågældende variabel "hylde" i hukommelsen og aflevere *en kopi* til funktionen.

Her er vist et program kald til en funktion med tre variabler:

```
MyFunctionInOut (Var1:= ValueIn, Var2=>ValueOut, Var3:= ValueInOut);
```

De tre variabler: **Var1, Var2 og Var3** er oprettet inden i funktionen og de er oprettet med følgende variabel scope:

Variabel	Scope	Assignment
Var1	IN	:=
Var2	OUT	=>
Var3	IN_OUT	:=

ValueIn er en værdi som skal *ind i funktionen* og det skrives på denne måde:

```
Var1:= ValueIn;
```

Den værdi der skal *ud af funktionen*, skal afleveres i variablen **ValueOut** og dette gøres på denne måde:

```
Var2=>ValueOut;
```

Den variabel som *både skal ind og ud af funktionen*, skal pege på adressen til "hylden" i hukommelsen hvor **ValueInOut** findes og dette gøre på denne måde:

```
Var3:= ValueInOut;
```

Bemærk hvordan tegnene "**=>**" og "**:=**" benyttes ved funktionskald.

Sådan foretages funktions kald til et ARRAY med funktioner:

Programkald til funktion nr. 4 i et ARRAY med funktioner gøres sådan:

```
MyFunction [4] (ValueIn);
```

10.2 Funktioner (FC) og funktionsblokke (FB)

Der findes to typer funktioner:

Funktion (FC)
Funktionsblok (FB)

Funktion (FC) er et stykke PLC-kode *uden* statisk data. Det betyder, at alle lokale variabler mister deres værdi, når funktionen afsluttes. Variablerne initialiseres igen, næste gang funktionen kaldes. Typisk foretager funktionen en matematisk beregning og returnerer den beregnede værdi.

Funktionsblok (FB) er et stykke PLC-kode *med* statisk data. De lokale variabler beholder deres værdier mellem hvert kald til funktionen. Det kunne f.eks. være en funktion som bruges som time tæller (antal drift timer, også kaldet TACHO HOURS) på en motor og derfor skal de lokale variabler bibeholde deres værdi, efter at funktionen er afsluttet. Funktionen kunne også tælle antal start pr. time, tid til næste service eller antal emner der kommer gennem en maskine.

Format for **FUNCTION**

```
FUNCTION <Name> : <RetDataType>
 VAR_INPUT
    <Variables>
 END_VAR
 VAR_OUTPUT
    <Variables>
 END_VAR
 VAR_IN_OUT
    <Variables>
 END_VAR
 VAR
    <Variables>
 END_VAR
    <Implementation>  //Write code here
    <Name> := 123;    //set return value
END_FUNCTION
```

Format for **FUNCTION_BLOCK**

```
FUNCTION_BLOCK <Name>
 VAR_INPUT
    <Variables>
 END_VAR
 VAR_OUTPUT
    <Variables>
 END_VAR
 VAR_IN_OUT
    <Variables>
 END_VAR
 VAR
    <Variables>
 END_VAR
    <Implementation>  //code here
END_FUNCTION
```

Implementering af en funktion begynder med nøgleordet (Keyword) **FUNCTION** og en funktionsblok begynder med **FUNCTION_BLOCK**. Herefter skrives der i **<Name>** det navn som funktionen skal hedde. Det skal være et sigende navn (se side 29 for navngivning) i forhold til det, som funktionen skal udføre. Den datatype som funktionen skal returnere skrives i **<RetDataType>** feltet, idet funktionsnavnet fungerer som retur værdi. Bemærk at **<RetDataType>** ikke kan benyttes i **FUNCTION_BLOCK**.

Sektionerne med **VAR_INPUT**, **VAR_OUT** og **VAR_IN_OUT** skal indeholde variablerne som skal ind og ud af funktionen. Når **VAR_INPUT** benyttes, tager funktionen en kopi af variablen og arbejder videre med den inde i funktionen – uden at ødelægge den oprindelige variabel. Hvis **VAR_IN_OUT** benyttes afleveres adressen til variablen og der arbejdes videre direkte på variablen inde i funktionen og derfor skal sektionen **VAR_IN_OUT** benyttes med forsigtighed.

Hvis en **STRUCT** eller **ARRAY** skal ind i funktionen, skal **VAR_IN_OUT** benyttes.

Rækkefølgen af variablerne der er oprettet i funktionen angiver den rækkefølge variablerne skal have ved kald til funktionen.

Sektionen **VAR** indeholder de lokale variabler, som kun bruges internt i funktionen. Når der foretages et funktionskald bliver de lokale variabler oprettet hver gang funktionen kaldes og nedlagt igen når funktionen afsluttes.
Husk at variabler skal initialiseres (sættes til en start værdi, f.eks. 0), så der er sikkerhed for hvilken værdi variablerne har, når funktionen kaldes.
Skal funktionen gemme lokale variabler fra gang til gang, skal det være en **FUNCTION_BLOCK** eller der skal benyttes **VAR_IN_OUT** så funktionen arbejder på variabler, der er oprettet uden for funktionen.

Den PLC-kode som funktionen skal udføre skrives i **<Implementation>** sektionen.

Når der benyttes en **FUNCTION** skal retur parameter sættes *INDEN* funktionen forlades. Den sættes ved at bruge navnet for funktionen, der tildeles retur parameteren.
I ovenstående format, er retur parameteren sat til 123. Der kan kun sættes én retur parameter på den måde. Hvis der er behov for flere retur parametre skal variabler benytte **VAR_OUT** eller **VAR_IN_OUT** scope.

For at gøre hele PLC-programmet mere overskueligt anbefales det, at en **FUNCTION** og **FUNCTION_BLOCK** kun har den mængde PLC-kode, som kan ses på skærmen under programmeringen, altså optil 20 - 25 linjer. Hvis PLC-koden er længere, så er der behov for at oprette endnu en funktion.

PLC styring med Structured Text (ST)

En funktion bør kun have max 8 parametre (variabler) i funktions-kaldet, da det kan være svært at overskue flere. Er der alligevel behov for flere, kan der oprettes en **STRUCT,** hvor de mange variabler samles, og samlet sendes til funktionen.
Hvis der benyttes **STRUCT,** skal variablen stå i **VAR_IN_OUT** sektionen.

En funktion kan ses som en black-boks. Når funktionen først virker, så skal man ikke tænke så meget over, hvad der foregår er inde i boksen.

VIGTIGT: En funktion må aldrig foretage et funktions kald til sig selv!

Der er mange muligheder for funktioner. Her er en inspirationsliste:

- Omregning mellem måleenheder.
- Timetæller på motorer.
- Beregning af forventet tid til service.
- Beregning af hastighed på transportbånd.
- Skallering af analoge værdier.
- Søgning efter min. og max. værdier i et array.
- Matematiske beregninger.
- Puls generator.
- PID regulator
- Alarm overvågning af maskine komponenter
- Omregning af værdier fra temperatur sensorer
- Kode som kan genbruges i andre programmer
- Beregning af optimalt drift-område for frekvensomformer
- Estimering af forventet produktionstid.
- Beregning oppetid for anlæg (Program kørsel uden genstart af PLC)

Forskellen mellem funktioner og program moduler er, at funktioner ofte foretager beregninger eller databehandling på enkelte komponenter, mens program moduler er opdeling af hele programmet. Program modulerne bruger relevante funktioner og funktionsblokke for at løse de konkrete opgaver.

Det er typisk nemmere at genbruge funktioner end program moduler.

De følgende sider indeholder eksempler på funktioner.

10.3 EKSEMPEL: FC til omregning af temperatur

Dette eksempel viser implementering af en funktion, der omregner fra Celsius temperatur til Fahrenheit temperatur. Det implementeres i en funktion, da det er en matematisk beregning, der genbruges bruges mange gange i programmet.

Der oprettes en **FUNCTION** kaldet **fcTemperatureCalculateCtoF** som returnerer en **REAL** variabel, da beregninger med en temperatur ofte er et decimal tal. Navnet på funktionen starter med **fc** for at vise, det er en funktion. Resten af navnet er valgt, da det passer godt med hvad funktionen kan. Navngivningen starter med et navneord; **Temperature** og et udsagnsord; **Calculate** (beregn) og bogstaverne **C to F** viser at der omregnes fra en Celsius temperatur til en Fahrenheit temperatur.

```
FUNCTION fcTemperatureCalculateCtoF : REAL
VAR_INPUT
  TemperatureC: REAL;
END_VAR
```

Funktionen har én input parameter der hedder **TemperatureC** og den er oprettet i **VAR_INPUT** sektionen og er af datatypen **REAL**, da input parameteren (Celsius temperatur) er et decimal tal.

PLC-koden i funktionen er vist herunder:

```
//This function convert a Celsius temperature to a Fahrenheit temperature
//Input parameter REAL is in Celsius
//Out parameter REAL is in Fahrenheit
fcTemperatureCalculateCtoF:= (TemperatureC * 9/5) + 32;
```

Formelen der er brugt til omregning mellem de to temperaturer er fundet på Internettet. Som det ses, er retur parameteren funktionsnavnet og har datatypen **REAL**. Der er kommentarer i starten af funktionen for at forklare andre, hvad funktionen kan og det er god programmering, altid at skrive en kommentar i starten af en funktion, selvom funktionsnavnet kan være selvforklarende.

Her er vist hvordan funktionen bruges, hvor variablen **TempF** er af typen REAL:

```
TempF := fcTemperatureCalculateCtoF(23.6);
//The value is copied to TemF and is 74.48 (REAL data type)
```

Funktionen kaldes med en værdi på 23.6 (Celsius temperatur på 23.6 grader). Funktionen returnerer den beregnede Fahrenheit værdi i variablen **TempF**.

For at teste funktionen, findes en tilsvarende beregningsside på internettet og der skal indsættes store og små tal, for at teste om funktionen virker som forventet. Det er altid vigtigt, at teste funktionen grundigt, da det er svært at finde fejl, når programmet bliver større og sammensat af mange funktioner og program moduler.

10.4 EKSEMPEL: FC til beregning af gennemsnit

Det følgende er et eksempel på en funktion, som beregner det gennemsnitlige tryk af to sensorer. Der er ikke behov for at gemme værdier og derfor er det en FUNCTION der oprettes. Funktionen hedder **ValueAverage** og har to input parametre: **Value1** og **Value2** begge af datatypen REAL. Selvom det er et gennemsnit af to trykmålinger, oprettes en funktion med et generelt navn, så funktionen kan genbruges, uden forvirring om navnet på funktionen. Den beregnede værdi, er af datatypen REAL og dette defineres som retur parameter for funktionen, ved at skrive REAL i den første linje PLC-kode:

```
FUNCTION ValueAverage : REAL //REAL is return parameter data type
VAR_INPUT
 Value1, Value2 : REAL; //Input parameters to the function
END_VAR

Sum := Value1 + Value2;  //Total sum
Sum := Sum/2;  //Average
ValueAverage := Sum;  //Set the return parameter
```

I den anden sidste linje sættes retur værdien. Det betyder at **ValueAverage** får en værdi inden funktionen afsluttes, hvilke sikrer at den beregnede værdi kan bruges uden for funktionen. Variablerne **Value1** og **Value2** er lokale variabler og kan derfor ikke tilgås uden for funktionen. Dette giver en god program struktur og funktionen er en "black box" til en gennemsnitsberegning af to værdier.

Der er flere forskellige metoder at bruge funktionen **ValueAverage** på:

De viste variabler i eksemplet nedenunder: **Avg1, Avg2, Avg3, Sensor1Pressure, Sensor2Pressure** er alle af datatypen REAL, da det er den datatype funktionen **ValueAverage** benytter som Input parametre og retur parameter.

Eksempler på brug af funktionen **ValueAverage**:

```
//Example #1: Use the functions variable names
Avg1 := ValueAverage(Value1 := 85.1, Value2 := 17.6);
//Example #2: Use value only
Avg2 := ValueAverage(85.1, 17.6);

//Assign value to main variables
Sensor1Pressure := 85.1;
Sensor2Pressure := 17.6.;

//Example #3: Use main variables
Avg3 := ValueAverage(Sensor1Pressure, Sensor2Pressure);
//Example #4: Combination of #2 and #3
Avg4 := ValueAverage(Value1 := Sensor1Pressure, Value2 := Sensor2Pressure);
```

Når der bruges en FUNCTION, skal alle input parametre have en værdi. Hvis der bruges en FUNCTION_BLOCK, er det ikke nødvendigt, at alle input parametre skal tildeles en værdi. Dog er det godt, at give alle input parametre en værdi, for det viser, at programmøren har taget stilling til parametrene og husket dem.

Rækkefølgen af paramenterne til funktionskaldet *er vigtig og det er den samme som,* da funktionen blev oprettet. Derfor skal **Value1** stå først og dernæst **Value2**.

PLC-koden i en FUNCTION og FUNCTION_BLOCK SKAL tage høje for, at der mangler input parametre eller parametre er uden for tilladt område eller er ugyldige. PLC-koden skal være er stabil og kunne afvikles, selvom input parametre mangler, er forkerte eller er ugyldige.
Omvendt har den som benytter funktionen, også pligt til at sikre at FUNCTION eller FUNCTION_BLOCK bliver kaldt med gyldige og lovlige input parametre.

Til en hver egen udviklet funktion følger en beskrivelse af virkemåde og input parametre. Desuden er funktionen først færdig, når den er testet!

11 Arbejde med tekster og tegn, STRING

STRINGS er den datatype der benyttes, når der skal arbejdes med tekster. Her er et udvalg af områderne, hvor en PLC skal arbejde med tekster:

Visning af dynamiske tekster og tal på HMI/SCADA (brugerbetjening):
- Online sprogskift på brugerbetjeningspaneler (f.eks. skift mellem danske og engelske brugergrænseflader, uden ændringer i PLC-kode)
- Beskeder og vejledninger til brugeren: produktionsinformation, indtastning af passwords, visning af bogstaver, tid/dato eller alarmtekster.

Håndtering af filer og database data:
- Indlæsning af data fra filer på harddisk (f.eks. indstillinger på udstyr og instrumenter, konfigurationsfiler eller set-punkter)
- Data logning af måledata eller eventbeskeder (event = begivenheder f.eks. ændringer af indstillinger eller ændringer på maskinens tilstand)
- Sprog tekster der indlæses fra harddisk eller flashkort
- Beskeder til/fra produktionssystemer (ERP, SAP, MES)
- Fil, foldernavn, e-mail

Data kommunikation, mellem PLC/PC/Instrumenter
- Instrumenter sender data i ACSII (f.eks. BAR/QR koder, RFID TAGS)
- Information til labelprinter (f.eks. labels til kasser, datomærkning)
- SMS (alarmer/kommando til/fra mobil telefoner eller SmartPhones)
- Tal med mange cifre og blandet med bogstaver
- Måledata, alarmer, informationer fra automationsudstyr

Der er følgende datatyper:

Datatype	Forklaring
CHAR	Indeholder et enkelt tegn (ACSII) (8-bit),
WCHAR	Indeholder et wide tegn (16-bit) (UNICODE, ISO 10646)
STRING	ARRAY of CHARS [0..254], til sætninger (254 er typisk max.)
WSTRING	ARRAY of WCHAR [0..254], til sætninger (254 er typisk max.) Benyttes til PLC-styringer med mange sprog versioner til HMI (UNICODE, ISO 10646)

BEMÆRK:

> Brug kun STRING når det er nødvendigt, da det kræver PLC-kraft og bruger meget hukommelse.
>
> Opret kun STRING med den længde, der er brug for.

Ikke alle PLC-typer har datatyperne CHAR og WCHAR. Er der alligevel behov for en variabel med ét tegn, er det nemmeste at oprette en STRING[1] eller en BYTE.

VIGTIGT: Længden på en STRING defineres ved, at tælle tegn indtil der står et 0 (nul) i ARRAY. Nogle PLC-typer tæller nul med i antal tegn. En PLC har et tegn på plads 0 i ARRAY (Nogle programmeringssprog har længen på STRING placeret på plads nul, hvilket har betydning, hvis en PLC kommunikerer med andet udstyr)

En STRING viser tegn fra en ACSII tabel. Gemt i ARRAY er der heltal, da en CPU kun kan gemme i heltal. En ACSII tabel konverterer (omsætter) heltal til bogstaver:

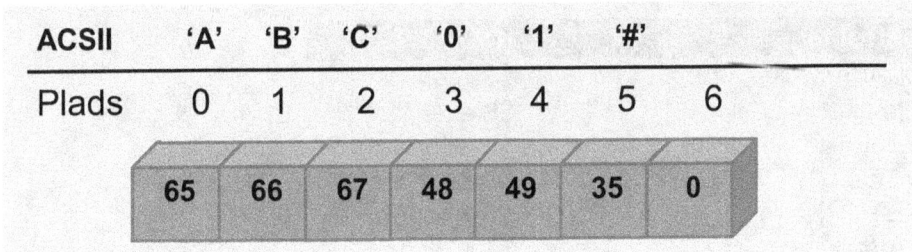

En PLC har typisk en maksimum længde på 255 karakterer i en STRING. Hvis en tekst er længere end 255 karakterer, kan teksten opsplittes i flere variabler.

En STRING kan oprettes med eller uden fast længde som vist her under:

```
PROGRAM DemoString
VAR
    szDemo: STRING            := 'Dette er uden fast længde';
    szDemoFix: STRING[35] := 'Dette er med fast længde';

    szEmpty: STRING           := '';              //String without text
    szDemoW: WSTRING      := "Dette er en UNIcode string"; //Text with 2 x "
END_VAR
```

Hvis der IKKE sættes en længde som ved **szDemo**, så bruger en PLC 254 bytes i hukommelsen + 1 (Nul til afslutning af STRING tælles med). Enkelte PLC-typer har dog en anden grænse, som er f.eks. 80 bytes.

Hvis der sættes en fast længde som ved **szDemoFix**, så bruger PLC den faste længde, her 35 karaktere til hukommelse + 1 (Nul til afslutning af STRING tælles med).

Ovenstående betyder, at det er bedst at sætte en maksimum længde på alle STRING. Men da tekster kan være dynamiske under program afviklingen, kan det give udfordringer med en fast STRING længde. Det kan f.eks. være ved online sprogskift, hvor tekster kan blive 50% længere, ved skift fra danske til franske tekster.

Det er ikke muligt, at skrive tekst med dobbelt citationstegn: *En "stor" prøve*.
Der skal skrives et kontrol tegn (dollar) foran: *En $"stor$" prøve*.

Tabel med kontrol tegn:

Kontrol tegn	Kode
Dollar tegn	$$
Linje skift	$L eller $l
Ny linje	$N eller $n
Ny side	$P eller $p
<RETURN>	$R eller $r
<TAB>	$T eller $t
Citationstegn	$'
Dobbelt citationstegn	$"

11.1 EKSEMPEL: FC med STRING

Her er vist et eksempel på hvordan en FUNCTION med STRING defineres:

```
FUNCTION StringDemoFUN : STRING
VAR
        str4: STRING; //Internal
END_VAR
VAR_INPUT
        Str1: STRING;
END_VAR
VAR_OUTPUT
        str2: STRING;
END_VAR
VAR_IN_OUT
        str3: STRING;   //Reference to STRING outside the function
END_VAR

str2:= 'STR 2 string';
str3:= 'STR 3 string';
str4:= 'STR 4 string';
StringDemoFUN:= Str1; //Set return parameter
```

Programkald til funktionen **StringDemoFUN**:

```
MainStr:= 'Hello World';
Mstr1:= StringDemoFUN (str1:=MainStr, Str2=>MStr2, str3:=Mstr3);

//Contents of the variables are:
//MStr1 = 'Hello World'
//MStr2 = 'STR 2'  //Because STRING length is 5: MStr2[5]
//MStr3 = 'STR 3 string'
```

BEMÆRK

Variablerne **Mstr1**, **Mstr2** og **Mstr3** er alle oprettet som en STRING datatype. Hvis en variabel er oprettet med en fast længe på f.eks. 5 som **Mstr2**, vil den kun indeholde 5 karakterer, selvom strengen **str2**, der er oprettet inde i funktionen har 12 karakterer.

11.2 Standard funktioner, STRING

De indbyggede standard STRING funktioner er vist herunder. En del PLC-typer har flere funktioner og de kan findes i fabrikantens PLC-programmeringsmanual.

Hvis der er brug for en bestemt STRING funktion, må man ofte implementere den selv eller forsøge at finde den på internettet.

Max. længde for STRING i standard funktionerne er 255 karakterer.

CONCAT

Sætter to STRING sammen
STR2 sættes efter **STR1**.

```
Str3:= CONCAT (STR1 := 'AB', STR2:='CD');
//Str3 = 'ABCD'          Str3:= CONCAT ('AB', 'CD');
```

INSERT

Sætter en STRING ind i en anden STRING på en bestemt plads. **STR2** sættes ind i **STR1** på **POS** plads

```
Str3:= INSERT (STR1:='ABCD', STR2:='EFGH', POS:=2);
//Str3 = 'ABEFGHCD'      Str3:= INSERT ('ABCD', 'FEGH', POS:=2)
```

DELETE

Fjerner noget af en STRING. **IN1** er STRING hvor der skal slettes.
Fra plads **POS** slettes det antal som **LEN** angiver

```
Str3:= DELETE (IN1:='ABCDEFG', LEN:=2, POS:=3);
//Str3 = 'ABEFG'         Str3:= DELETE ('ABCDEFG', 2, 3);
```

REPLACE

Udskifter noget af en STRING.
Der udskiftes antal **L** tegn i **STR1** med **STR2**. Start fra plads **P**

```
Str4:= REPLACE (STR1:='ABCDEFG', STR2:='X', L:=2, P:=3);
//Str4 = 'ABXEFG'        Str4:= REPLACE ('ABCDEFG', 'X', 2, 3);
```

FIND

Find en STRING i en anden STRING.
Der ledes efter **STR2** i **STR1**. Der returneres en INT med den position, hvor **IN1** først blev fundet. Blev der ikke fundet noget, returneres 0. FIND funktionen er afhængig af store bogstaver (upper case) og små bogstaver (lower case)

Int1:= FIND (**STR1**:='ABCBCDEFG', **STR2**:='BC')
//Int1 = 2   'BC' is founded first at position 2

LEN

Finder længden af en STRING. Tæller antal tegn i **STR**
Der returneres en INT med længden.

Int2:= LEN (**STR**:= 'Demo') ;
//Int2 = 4

LEFT

Beholder noget af en STRING fra venstre. Den først parameter **STR** er STRING og den anden parameter **SIZE** er det antal tegn, som skal bibeholdes

Str6:= LEFT(**STR**:='1234567', **SIZE**:=2);
//Str6 = '12'

RIGHT

Beholder noget af en STRING fra højre. Den først parameter **STR** er STRING og den anden parameter **SIZE** er det antal tegn, som skal bibeholdes

Str6:= RIGHT (**STR**:='1234567', **SIZE**:=2);
//Str6 = '67'

MID

Beholder noget af en STRING. Den først parameter **STR** er STRING, **LEN** er længden af det som bibeholdes og **POS** er start position på det som bibeholdes

Str7:= MID (**STR**:='1234567', **LEN**:=2, **POS**:=3);
//Str7 = '34'

PLC styring med Structured Text (ST)

BEMÆRK: Det er ikke i alle PLC typer, der kan ikke benytte logiske operationer (se afsnit 7.2, side 39) direkte på STRING i IF-sætninger, da STRING er et ARRAY. Hvis PC typen ikke kan sammenligne direkte, kan de indbyggede FIND og LEN funktioner benyttes til sammenligning mellem tekster som vist herunder:

```
Str1 := 'abc';
Str2 := 'abc';

IF Str1 = Str2 THEN
   Str3:= 'Ens';
END_IF;
```

```
Str1 := 'abc';
Str2 := 'abc';

IF FIND (Str1, Str2) > 0 THEN
  IF LEN (Str1) = LEN (Str2) THEN
    Str3:= 'Ens';
   END_IF;
END_IF;
```

Til talkonvertering kan de indbyggede datatype konverteringsfunktioner også benyttes til STRINGS (se side 49) som f.eks.:

```
myInt:= STRING_TO_INT('123');
myReal := STRING_TO_REAL ('12.45');
myStr1 := REAL_TO_STRING (23.67);
```

Inden konverteringsfunktioner kaldes, skal den string som er input parameter kontrollers, så funktionen ikke får data i en string, som ikke kan konverters. Det kan være uklart hvad der sker, hvis PLC-programmet skal konvertere f.eks. "ABC" til en REAL datatype. Der findes funktioner, som kan hedde **IsNumber** på internettet, der kan bruges til at kontrollere om indholdet i en string er et tal.

VIGTIGT: I nogle PLC-typer er STRING standardfuntioner ikke "thread safe". Dette betyder at det er bedst, kun at benytte dem i PLC-kode der afvikles i samme task.

Da STRING er et ARRAY, er det muligt at sætte enkelte tegn ind direkte. Her er vist tre forskellige løsninger, da de forskellige PLC-typer håndterer dette forskelligt:

```
str1:= 'My String';
str1[2]:= 'A';            //Solution 1, insert 'A' into location 2 in str1
str1[2]:= 65;             //Solution 2, where 65 is 'A' in the ACSII tabel
str1[2]:= F_toASC('A');   //Solution 3, use a build-in function named F_toASC

//The resulting string is 'MyAString' where 'A' is overwriting <SPACE> in str1
```

12 Indbyggede standard funktioner

Dette afsnit beskriver en række af de indbyggede standard funktioner. Hvornår de skal bruges, afhænger af hvilken opgave der løses og det skal bemærkes at funktionerne, kan have forskellige navne i de forskellige typer-PLC, der findes på markedet. Hvis man benytter de indbyggede funktioner, kan det det sværere at kopiere koden til andre PLC-typer, da koden måske skal tilpasses.

12.1 Første program gennemløb: FirstScanBit

Der kan være behov for at noget PLC-kode skal afvikles én gang og kun lige efter opstart af PLC. Det kunne være udgangene på PLC´en som skal indstilles (Initialiseres) til en bestemt værdi, så der er sikkerhed for at f.eks. signal lamper har det korrekte lys. Det kan også være interne variabler, tællere og arrays der skal nulstilles.

Nogle PLC-typer har et indbygget first-scan-bit til dette formål. Men har PLC ikke det, kan nedstående PLC-kode benyttes:

```
PROGRAM MAIN
VAR
    FirstScanBit : BOOL := FALSE; //#2
END_VAR

//Set first scan bit
IF FirstScanBit = FALSE THEN //#3
    // First code, initialization code here or call to a program module
    // code here will be executed only once
    FirstScanBit := TRUE; // #1
END_IF;
```

Virkemåde:

Der oprettes en BOOL variabel med navn **FirstScanBit**, som initialiseres i variabel sektionen til FALSE (se #2). Det bevirker at **FirstScanBit** *altid* er FALSE, når PLC starter op. Når PLC-koden afvikles første gang, vil PLC-koden inden for IF-sætningen blive afviklet (se #3) idet FirstScanBit er FALSE. **FirstScanBit** bliver til sat til TRUE ved første program gennemløb og PLC-koden ved #1 afvikles derfor ikke igen.

12.2 Kant trig funktioner (OneShot): R_TRIG, F_TRIG

Ofte er der behov for, at et stykke kode kun skal afvikles én gang på en bestemt handling. Det kan være en sensor kontakt der aktiveres og et tilhørende stykke kode ønskes afviklet (F.eks. en sensor der tæller emner på et transportbånd). Når sensor kontakten er aktiveret, vil koden blive afviklet flere gange pga. den måde en PLC afvikler programmer, medmindre der tages forbehold for det.

Det kan løses med en funktionsblok, der kan hedde: Oneshot, edge detect, OSRI.

Der findes to standard funktionsblokke, der sikre at kode kun afvikles én gang:
R_TRIG bruges til at detektere en stigende kant (signal: 0 **=>** 1).
F_TRIG bruges på en faldende kant (signal: 1 **=>** 0).

Funktionerne har en input parameter **CLK** og en output **Q**, begge af datatypen BOOL.
Herunder er et eksempel (**EXAMPLE 1**):

```
PROGRAM MAIN
VAR
  B1OneShot : R_TRIG;   //One shot for the B1 sensor input
  B1 : BOOL;            // B1 is the sensor input
END_VAR
```

```
//EXAMPLE 1: One shot is using an instance of R_TRIG (Positive flank)
B1OneShot (CLK := B1);  //'Call' the function block

IF B1OneShot.Q = TRUE THEN
  // Run the one shot PLC code here #1
  // A program module or a function can be written here
END_IF;
```

Virkemåden er følgende:

B1 bliver TRUE når sensor indgang bliver aktiveret, og **B1** er input parameter til **B1OneShot** funktionsblokken. Dette bevirker at BOOL variablen **B1OneShot.Q** er TRUE i et det program-scan, hvor **B1** blev TRUE.
I den efterfølgende program-scan, bliver **B1OneShot.Q** automatisk sat til FALSE af den indbyggede R_TRIG funktionsblok. Koden i #1 bliver derfor kun afviklet én gang.

EXAMPLE 2 er en *gør-det-selv* løsning, uden brug af R_TRIG. Her er den fysiske kontaktindgang **B1** og når den er 1 (Aktiveret af f.eks. en kontakt eller sensor der tæller emner på et transportbånd) samtidig med, at **B1Old** er 0 vil PLC-koden markeret med #1 blive afviklet. Når koden i #1 afvikles, bliver **B1Old** bliver sat til 1. I næste program-scan afvikles koden ikke. Først når **B1** bliver 0 igen, sættes **B1Old** til 0.

Her er løsningsforslag:

```
PROGRAM MAIN
VAR
   B1: BOOL;   B1Old: BOOL;
END_VAR

//EXAMPLE 2: Using own created PLC code
//Detect on rising edge
IF  B1 = 1 AND B1Old = 0 THEN
   B1Old := 1;
   //Insert PLC code here to run only once #1
END_IF

//Reset edge detection
IF B1 = 0 THEN
   B1Old := 0;
END_IF;
```

Det er nemmere at kopiere **EXAMPLE 2** end **EXAMPLE 1** til en anden PLC, da de forskellige PLC-typer har forskellige standard OneShot funktionsblokke.

PLC-koden for (**EXAMPLE 2**) kan illustreres med nedenstående tidsdiagram:

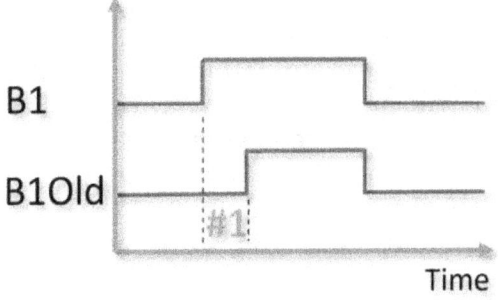

PLC-koden i #1 afvikles straks efter en stigende flanke på **B1**.

12.3 Tæller funktioner: CTU, CTD, CTUD

En PLC har tre indbyggede tælle funktionsblokke:

CTU, kan tælle op
CTD, kan tælle ned
CTUD, der kan tælle både op og ned.

Her er vist hvordan CTU benyttes i ST-programmering:

```
PROGRAM MAIN
VAR
    myCTU: CTU;          // Counter UP function
    S1: BOOL;            // Activate count
    K1: BOOL;            // TRUE when count finish
    i: WORD;             //Only for demo and test
END_VAR
```

```
// Example 1, counter using the CTU function block
myCTU (CU:= S1, PV:= 12, RESET:= myCTU.Q); //Counting to 12, auto reset

IF myCTU.Q THEN //Counter done?
  K1 := TRUE; //#1
END_IF;

i:= myCountDemo.CV; //Readout current count value
```

Der oprettes en variabel **myCTU** med datatypen CTU, som er en indbygget standard funktionsblok, der kan tælle op. CTU har tre input parametre **CU** (tæl op), **RESET** (sæt tæller til 0, på positiv flanke) og **PV** (max. tæller værdi, hvor 0 tælles med) samt to output parametre **Q** (max. tæller opnået) og **CV** (nuværende tæller værdi).
CU sættes til en BOOL værdi med **S1**. **S1** kan være en fysisk kontakt og hver gang den aktiveres, tælles 1 op. Når tælleren har talt til 12 (der tælles fra 0 til 11) bliver **Q** TRUE og en IF-sætning, sætter **K1** til TRUE. **K1** kan f.eks. være en lampe.

For at tælleren resetter automatisk, når maksimum værdi er opnået og starter forfra, er **RESET:= myCTU.Q** tilføjet som input parameter til **myCTU**.

IEC 61131-3 og best practice ST-programmering

Fordelen ved **CTU** funktionsblokken, er at den har R_TRIG indbygget på **CU** indgangen. Ulempen er, at den tæller internt på en WORD variabel og kan derfor kun tælle til 65535. Benyttes **CTU** til at tælle emner på en maskine som producerer et emne pr. minut, kan der komme overløb på den interne tæller efter en tidsperiode på:

60 [emner/time] => 1440 [emner/dag] => 65535/1440 => <u>45,5</u> dage.

Her er en løsning, som kan tælle på en DWORD variabel. Den kan tælle til 4,29 mia. :

```
PROGRAM MAIN
VAR
    S1_trig: R_TRIG;      // Oneshot
    S1: BOOL;             // Activate count
    K1: BOOL;             // TRUE when count finish
    i: DWORD := 0;        // Counter
END_VAR
```

```
// Example 2, Counter with DWORD
S1_trig (CLK:= S1);  // Calling R_TRIG

IF S1_trig.Q THEN  //Count up if positive trig signal
  i:= i + 1;
END_IF;

IF i >= 12 THEN //Counter done? #1)
  K1 := TRUE;   // Set output
  i:= 0;        // Reset counter
END_IF;
```

K1 bliver TRUE når tæller har talt til 12 og samtidig bliver tæller variablen **i** sat til 0.
Bemærk: #1) For at gøre PLC koden mere stabil benyttes "**>=**" fremfor "**=**".

Virkemåden for de to eksempler er ens, dog er **Example 2** mere brugbar da:

- Kan tælle til 4.29 mia.
- Uafhængig af PLC-type.

En tæller kan benyttes til at tælle produceret emner, antal starter på en motor, antal pulser fra instrumenter: f.eks. pulser (pulstog) fra en energimåler eller flowmåler.

12.4 Gentagne program kald (Timer delay): TON, TOF

I styringer er der ofte behov for at udstyr skal køre i en bestemt tid. Det kan være en motor, som skal køre i 30 minutter hver time, lyset i en trappeopgang der skal slukke automatisk efter en periode eller et stopur. Det kan også være et alarm signal fra en niveau sensor i en tank, der først skal vise sig efter en bestemt periode, da bølger i tanken kan påvirke niveau sensoren ved en fejl. En timer løser dette:

De findes i to typer standard timere i en PLC:

TON (On-delay timer, ODT, TONR, ON delay) — *Forsinket tilkobling*

En TON timer funktionsblok sætter en BOOL variabel **Q** til TRUE efter en tidsperiode angivet ved **PT**.

Kan benyttes hvis en komponent skal have et signal på en bestemt tidslænge, for at kunne starte.
Kan undertrykke kontrakt støj fra kontakter og switche.
Tiden hvor **IN** er aktiveret, skal være længere end **PT**

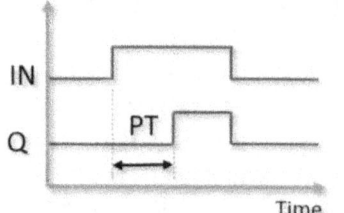

TOF (Off-delay timer, OFFDT, TOFR, OFF delay) — *Forsinket frafald*

En TOF timer sætter en BOOL variabel **Q** til FALSE efter en tidsperiode angivet ved **PT**.

Kan benyttes til lys i en trappeopgang eller toilet ventilation, hvor der skal være tændt i en periode efter der er trykket på en kontakt.

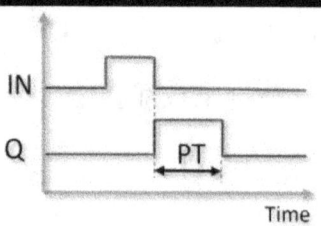

En timer er en indbygget funktionsblok, der har to input parametre (**IN** og **PT**) og to output parametre (**Q** og **ET**). Positiv flanke på **IN** starter timeren og på **PT** angives den tid timeren skal køre. **Q** er signal udgang og **ET** viser tiden timeren er kommet til.

Her er vist en TOF timer, der kører i 100 millisekunder efter **S1** er blevet FALSE:

```
VAR
    S1TimerTOF: TOF;   //Create timer
    S1 : BOOL;  //Switch
END_VAR
```

```
S1TimerTOF (IN:= S1, PT:= T#100ms);
IF S1TimerTOF.Q = TRUE THEN
    //Code here will be active in 100 [ms] after S1 = FALSE
END_IF;
```

Nedstående eksempel 2, viser hvordan en timer kan implementeres med automatisk genstart. Timeren kører i 10 sekunder og genstarter automatisk:

```
PROGRAM MAIN
VAR
    MyTimer: TON;              //Create timer
    TimerCurrent: TIME;        //Only used for readout
END_VAR

//Example 2, timer automatic restart
Mytimer(IN:= NOT Mytimer.Q, PT := T#10S);   //Start or restart timer.

IF Mytimer.Q = TRUE THEN
    //Write code here to be called each 10 sec
END_IF

TimerCurrent := MyTimer.ET;    //Only for readout
```

Virkemåden er følgende, hvor der først oprettes to variabler:

MyTimer, hvor datatype er en TON funktionsblok. Der skal benyttes funktionsblok, da timeren hele tiden skal huske, hvor langt den er kommet.
TimerCurrent, som udelukkende benyttes for at kunne udlæse den aktuelle værdi timeren har, - en god hjælp til at få det til at virke.

Den aktuelle værdien på timeren udlæses i sidste linje PLC-kode og den udlæses ved at kopiere værdien, som står i **MyTimer.ET** over i **TimerCurrent,** der er oprettet med datatypen TIME, da dette er den samme datatype som **MyTimer.ET** har.

Når timeren kører, er **MyTimer.Q** = FALSE og er timeren udløbet bliver **MyTime.Q** = TRUE og timeren stopper. Timeren genstarter automatisk, da **IN** er den inverterede værdi af **MyTimer.Q**. Parameteren **PT** sætter tiden, hvor tid angives med **T#** og et tal (her 10) efterfulgt af SI-enhed (s = sekund, ms = millisekund, h = timer).

Timer som en PLC task
En anden mulighed for at implementere en timer på 10 sekunder, er at oprette en PLC-task som f.eks. kaldes hvert 1 sekund. I det program modul som tasken kalder, oprettes en tæller, som sættes til nul når 10 er opnået. Er PLC scan-time 10 [ms], skal der tælles til (10 [s] / 0.010 [task/s]) = 1000 før der er gået 10 sekunder.

13 Specielle funktioner og strukturer

Dette afsnit beskriver en række specielle funktioner og meget brugte strukturer.

13.1 Simpel kø struktur (Queue)

Dette eksempel beskriver den mest simple implementering af en kø. En kø benyttes når der f.eks. er mange pakker på et transport bånd, der venter på at blive behandlet af en maskine i et større anlæg. Pakkerne kræver ofte information i form af f.eks. vægt, modtager, størrelse eller indhold. En vægt tilfører information om en pakke og den information skal gemmes i en kø, så informationen kan følge pakken gennem anlægget. Hvis pakken har en stregkode, som kan aflæses, er det ikke nødvendigt at implementere en kø, da informationen om pakken ville kunne hentes i en fælles database, - fabrikken produktions styresystem, der ofte er benævnt **M**anufacturing **E**xecution **S**ystems (**MES**) eller **M**anufacturing **I**nformation **S**ystems (**MIS**).

Ved implementering af en kø forudsættes det, at emnerne ikke skifter række følge i køen. Har pakkerne f.eks. en stregkode eller anden form for ID kan pakkerne godt skifte plads i køen.
Der skal benyttes et **ARRAY** og det skal oprettes med den max. længe som køen tænkes at blive. **ARRAY** skal ikke oprettes for lang, da dette bruger hukommelse og tager længere tid for en PLC at afvikle.
For at gøre det enkelt, oprettes herunder et **ARRAY** med 6 pladser af data typen **INT**. Det startes med at initialisere hele **ARRAY** til -1, da -1 kan benyttes til at se, om der er indhold på den pågældende plads i **ARRAY**, som vist herunder:

```
PROGRAM MAIN
VAR
    Que: ARRAY[QueMin..QueMax] OF INT;
    n: INT; //Counter to FOR loop
END_VAR
VAR CONSTANT
    QueMax: INT := 5;
    QueMin: INT := 0;
END_VAR

FOR n:= QueMin TO QueMax DO
  Que[n]:= -1; //Init ARRAY
END_FOR;
```

ARRAY ser således ud, hvor tal over **ARRAY** viser plads nr.:

0	1	2	3	4	5
-1	-1	-1	-1	-1	-1

Der kommer nu tre værdier i kø. **ARRAY** fyldes med tre værdier (23, 35 og 71). Der fyldes ind i **ARRAY** fra venstre mod højre, så den værdi der kom først ind (23), står helt til venstre og den værdi der kom sidst ind (71) står til højre på plads 2:

0	1	2	3	4	5
23	35	71	-1	-1	-1

Indsætning af værdier i køen kan udføres med dette PLC-kode, hvor det **ARRAY** der benyttes hedder **Que**:

```
Que [0] := 23;
Que [1] := 35;
Que [2] := 71;
```

Den ældste værdi i køen er 23 og er den værdi, der skal tages ud først. For at holde styr på køen, er det nemmeste at sørge for, at *den ældste værdi altid står på plads 0*.

Når ældste værdi er taget ud, skal alle værdier flyttes én plads til venstre. Den næste værdi, der skal tages ud er derfor 35.

Når den ældste værdi er fjernet fra køen, skal alle værdier skifte plads, for at sikre at den ældste værdi nu står på plads 0 (nul).

PLC styring med Structured Text (ST)

Der bruges en FOR-løkke, til at flytte alle værdierne én plads mod venstre. Værdier skal altid flyttes mod venstre, for ikke at overskrive de værdier som allerede er i køen. FOR-løkken skal gennemløbes én gang mindre end max. antal i **ARRAY**, som vist herunder i eksemplet:

```
For n:= 0 TO 5 - 1 DO
    Que [n]:= Que [n + 1];
END_FOR;
```

Som det ses har **ARRAY** 6 pladser og der kopieres 5 gange og FOR-løkken gennemløbes derfor 5 gange og kan illustreres med:

1. Gennemløb: Que [0]:= Que [0 + 1]
2. Gennemløb: Que [1]:= Que [1 + 1]
3. Gennemløb: Que [2]:= Que [2 + 1]
4. Gennemløb: Que [3]:= Que [3 + 1]
5. Gennemløb: Que [4]:= Que [4 + 1]

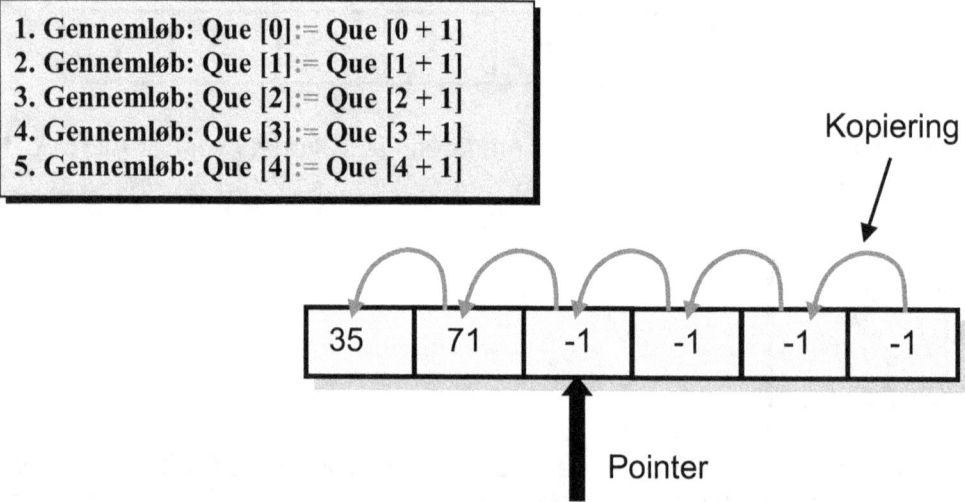

For at holde styr på hvilken plads næste værdi skal indsættes på, skal der benyttes en variabel, kaldet Index, pegepind eller pointer. Den starter således med at pege på plads 0, da køen er tom til at starte med. Hver gang der kommer en ny værdi ind i køen, rykkes pointeren en plads mod højre og hvis der fjernes en værdi fra køen, rykkes pointeren en plads tilbage, som er mod venstre.

Ulempen ved den simple kø er, at der bruges meget tid på at gennemløbe hele køen for at "skubbe" værdierne mod venstre hver gang, der er taget en værdi ud. For at løse det problem benyttes en cirkulær buffer eller ring buffer, som bruger pointere (pegepinde) i stedet for at flytte data, hver gang en værdi tages ud eller indsættes.

En kø kaldes ofte **FIFO** - det står for **F**irst **I**n **F**irst **O**ut. Den værdi der kom først ind i kø skal først ud. Dette beskrives i næste afsnit.

13.2 FIFO – First In First Out

Det forrige afsnit beskrev implementering af en simple kø, hvor alle pladser rykkede hver gang en værdi blev fjernet fra køen. Dette afsnit beskriver en kø, hvor værdierne IKKE flyttes, når der bliver fjernet en værdi. Dette gør koden meget effektivt.

En effektiv FIFO består af et array og to pointere (pegepine), der peger på hver sin plads i et **ARRAY** som vist i illustrationen her under:

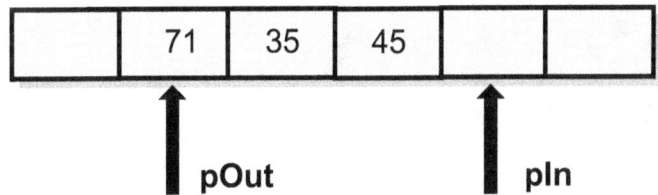

Pointeren **pOut** peger på den værdi, der skal ud af køen først og pointeren **pIn** peger på den næste frie plads i køen. Hver gang der fjernes en værdi fra køen, flyttes pointeren **pIn** én plads mod højre. Hver gang der indsættes en ny værdi, hvor pointeren **pIn** peger, flyttes pointeren **pIn** én plads mod højre. Når en pointer kommer til enden af array, skal den flyttes til starten af array.

En FIFO kaldes også for en cirkulær buffer, da den er "uendelig".

De forskellige PLC-typer tilbyder ofte en FIFO i deres PLC-software bibliotek. Den kan fint bruges, dog er det ofte ikke muligt at tilpasse den (Ofte låst med password), hvis den ikke opfylder ens behov og muligheden for at flytte koden til en anden PLC type er begrænset. Derfor er der på de næste sider vist implementeringen af en FIFO, som frit kan benyttes og tilpasses.

Herunder er et eksempel på en løsning:

```
FUNCTION_BLOCK FIFO
VAR_INPUT
    // Insert data into buffer
    DataIn : REAL;
    // 0 : Do nothing, 1 : Insert data, 2 : Take of data
    INOutStatus : INT;
END_VAR
VAR_OUTPUT
    // Take out data from the buffer
    DataOut : REAL;
END_VAR
VAR CONSTANT
    // Max fixed size of the buffer
    BufferMax : INT := 5;
    // Min fixed size of the buffer
    BufferMin: INT := 1;
END_VAR
VAR
    // Current no of data points (elements)
    NoOfDataPoints : INT := 0;
    // Array having all elements
    Buffer: ARRAY[BufferMin..BufferMax] OF REAL;
    //Pointer to first element
    pIn : INT := 1;
    //Pointer to last element
    pOut : INT := 1;
END_VAR
```

For at gøre virkemåden og PLC-koden mere overskuelige har funktionsblokken fået en kontrol variabel, der hedder **INOutStatus**. Denne variabel kan have tre indstillinger: Hvis variablen er 0 gøres ingen ting i funktionsblokken. Hvis variablen er 1 skal den værdi, som er på **DataIn** sættes ind i køen. Hvis **INOutStatus** er 2 skal der tages en værdi ud af køen og den anbringes på **Dataout** variablen.

INOutStatus kunne være to BOOL variabler, så det er nemt i et LADDER program.

```
//////////////////////////////////////////////////////////////////////
// FIFO - First In First out
// Can handle upto BufferMax REAL data points
// If more REAL data points entered, the old one will be overwritten
//////////////////////////////////////////////////////////////////////

//Insert data into buffer
IF INOutStatus = 1 THEN
  IF pIn <= BufferMax THEN
    Buffer[pIn] := DataIn; //Insert
    //Increase number of data points
    IF NoOfDataPoints < BufferMax THEN
      NoOfDataPoints:= NoOfDataPoints + 1;
    END_IF
    pIn:= pIn + 1; //Set to next element
  ELSE // buffer full, insert into first element
    pIn:= BufferMin;
    Buffer[pIn] := DataIn;
    //Move pointer to next element
    pIn:= pIn + 1;
  END_IF;
END_IF;

//Take out data of the buffer
IF INOutStatus = 2 THEN
  IF NoOfDataPoints > 0 THEN //There must be data
    Dataout:= Buffer[pOut];
    Buffer[pOut] := 0; //Set to 0 to show that the value is removed
    NoOfDataPoints:= NoOfDataPoints - 1;
    IF pOut < BufferMax THEN
      pOut:= pOut + 1;
    ELSE
      pOut:= BufferMin;
    END_IF;
  END_IF;
END_IF;

//Is buffer full? Last value is overwritten, move pIn pointer
IF NoOfDataPoints >= BufferMax THEN
  pIn := pOut;
END_IF;
```

```
PROGRAM MAIN
VAR
    OutData: REAL;
    MyFIFO: FIFO;
END_VAR
```
```
//Insert 71 and 35 into the FIFO
MyFIFO (DataIn:= 71, INOutStatus:= 1, DataOut:=);
MyFIFO (DataIn:= 35, INOutStatus:= 1, DataOut:=);

//Take out the first inserted value
MyFIFO (DataIn:=, INOutStatus := 2 , DataOut => OutData);
//OutData = 71
```

13.3 Generering af tilfældige tal (RND, Randomize)

Dette afsnit viser hvordan få linjer PLC-kode kan generere tilfældige tal. De tilfældige tal, kan bruges til at teste en PLC-styring, hvor tal f.eks. kan være vægten eller størrelsen på et emne, som skal pakkes. På den måde kan PLC-styringen testes med mange forskellige tal, - en test der ligger tæt på en test med rigtige emner.

Ofte er der ikke adgang til rigtige produktions emner til at teste PLC-styringen med, så ved at simulere værdier med en generator, som vist herunder, er det muligt få testet rigtig meget PLC-kode.

Ved at teste PLC-koden tidligt i udviklingsforløbet, får man hurtigt fundet og rettet eventuelle program-fejl. Senere er fejl meget sværere at finde.

Koden er skrevet i en **FUNCTION_BLOK** med navnet **RND**.

```
FUNCTION_BLOCK RND
VAR_INPUT
  Seed: INT;     // Start value, a value below ValueMax
  ValueMax: INT; // Max value to be generated
END_VAR
VAR_OUTPUT
  ValueRandom: INT; // The retuned randomized value
END_VAR
VAR
  RandomSeed: DINT := 0;
END_VAR
```

```
//////////////////////////////////////////////////////////////////////////
// This function is a randomize function
//
// The function generates a different number each time the function is called
// The seed value set the start value and this can be taken from the PLC
// main clock time to ensure different start numbers
//
// Refer to: "The C Programming Language," by Kernighan and Ritchie:
//
// INPUT: Valuemax is the max value ( + / - ) of the range
// INPUT: Seed, start just a number below max
// OUTPUT: ValueRandom a number in the range - ValueMin and ValueMax
IF RandomSeed = 0 THEN //Init
   RandomSeed := Seed;
END_IF
RandomSeed := RandomSeed * 1103515245 + 12345;
ValueRandom := DINT_TO_INT((RandomSeed / 65536) MOD (ValueMax + 1));
```

Sådan bruges **RND** funktionsblokken:

```
PROGRAM MAIN
VAR
   MyRND:    RND;
   NewValue: INT;
END_VAR
```

```
MyRND (Seed:=5, ValueMax:=10, ValueRandom => NewValue);
```

Som vist herover, oprettes variablen **MyRND** i MAIN programmet med datatypen **RND** og der oprettes en variabel **NewValue** til det tilfældige tal.

Med ovenstående værdier vil **NewValue** blive et tal mellem -10 og 10 efter hvert program gennemløb. Når alle tal mellem -10 og 10 har været "udtrukket" startes der forfra. Bemærk, at tal kommer i den samme rækkefølge og fordelingen er matematisk jævnt fordelt i hele intervallet -10 til 10. Med den samme start værdi til **Seed** kommer tal i samme rækkefølge. **Seed** kan med fordel tages fra det indbyggede ur i PLC, for at sikre forskellige start værdier og derved mere tilfældighed.

13.4 Digitalt lav pas LP-filter (Low-pass Filter)

Dette afsnit viser implementering af et digital lav pas filter. Dette filter bygger på et analogt Lav Pas LP-filter, der består at en elektrisk spole i serie med en elektrisk kondensator (RC-filter). Dette filter lader de lave frekvenser passere og fjerner de høje frekvenser og er godt til at fjerne støjsignaler.

På alle de analoge input kort, er der normalt et LP-filter indbygget, så det er muligt at filtrere støj og uønskede udsving fra sensorer og måleinstrumenter. Det er normalt ikke muligt at ændre på filter frekvensen online i det analoge input kort og i nogle tilfælde vil der være behov at kunne ændre frekvensen online.

Eksemplet der er vist herunder er et 1. ordens digitalt filter. Filteret kaldes også for et eksponentielt filter.

Der er benyttet fouriertransformation (avanceret matematik) til at overføre det analoge filter til et digitalt filter.

Der findes mange former for filtre til digital signalbehandling og blandt de mest kendte er et FIR (**F**inite **I**mpulse **R**esponse) filter. Fordelen ved at bruge et digitalt filter, frem for gennemsnit af data som f.eks. "moving average" er at "moving average" medregner de store signal udsving og bruger et langt **ARRAY** til dette, mens et digitalt filter fjerner de store udsving og er hurtigt for en PLC at arbejde med.

Der benyttes en **FUNCTION_BLOK**, da fileret skal bruge en værdi fra det forrige program-scan og den værdi ligger i **Valueold**.

```
FUNCTION_BLOCK LP_Filter
VAR_INPUT
    ValueRaw : REAL; // Input value
END_VAR
VAR_OUTPUT
    ValueFiltered : REAL; // The filteret output value
END_VAR
VAR
    k : REAL; // Filter constant
    ValueOld : REAL;
END_VAR
```

```
//////////////////////////////////////////////////////////
//First order lag filter (LP-Filter)
//////////////////////////////////////////////////////////
//Versionslog
//19.02.2018 TOAN, Created

k := 0.01; //Filter constant value

ValueFiltered := k * ValueRaw + (1 - k ) * ValueOld;

ValueOld:= ValueFiltered;
```

Filter frekvensen justeres ved at ændre på filter konstanten **k**:

k > 0.01	Filteret er hurtig og fjerner ikke meget signal.
k = 1	Filter har ingen virkning (filter slukket)
k < 0.01	Der bliver der filtreret meget signal væk og signalet er lang tid om at komme på plads.

Det er PLC-scan-tiden, der er samlingstiden. I praksis må **k** justeres, så signal får den pæne signal kurve der ønskes.

I næste afsnit findes et PLC-kode eksempel, hvor det digitale filter benyttes.

13.5 Simuleringssignaler

Dette afsnit beskriver simuleringssignaler, der kan bruges under udvikling af programmer og efterfølgende test. Ofte er maskinen eller hardwaren ikke til rådighed, når PLC-koden skrives og efterfølgende testes; Enten er hardwaren ikke kommet hjem, maskinen ikke færdig bygget eller udstyret er allerede sendt af sted til kunden. Derfor kan det være en fordel, at kunne simulere "sensor" signaler på digitale eller analoge indgange og se om programmet virker efter hensigten.

Herunder er vist fire forslag til simuleringssignaler, der nemt kan tilpasses i frekvens og amplitude. Signaler kan lægges sammen, for at skabe nye simuleringssignaler:

```
MySignalCurve:= TriangleCurve + SinusCurve;
```

Herunder er der kurver og PLC-kode for forskellige simuleringssignaler:

SINUS kurve

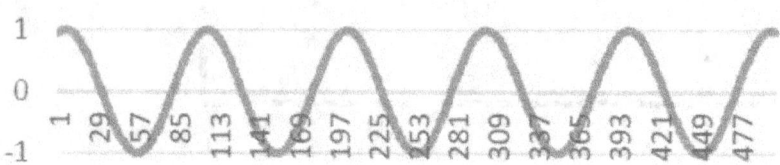

```
//This code generates a sinus curve
i:= i + 1; //Count to get a new value
IF i > 25 THEN
    i:= 1;
    n:= n + 1;
END_IF;
SinusCurve := SIN (n * 0.1); //0.1 to set Hz
```

IEC 61131-3 og best practice ST-programmering

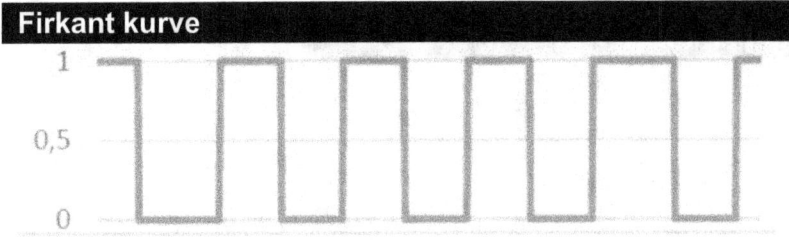

```
//This is an on/off signal generator (square wave)
i:= i + 1;
rr := SIN(i);         //Used to generate a wave signal
IF rr > 0 THEN
    n:= 1;            //Set square to 1 if positive
ELSE
    n:= 0;
END_IF;
SquareCurve:= n;
```

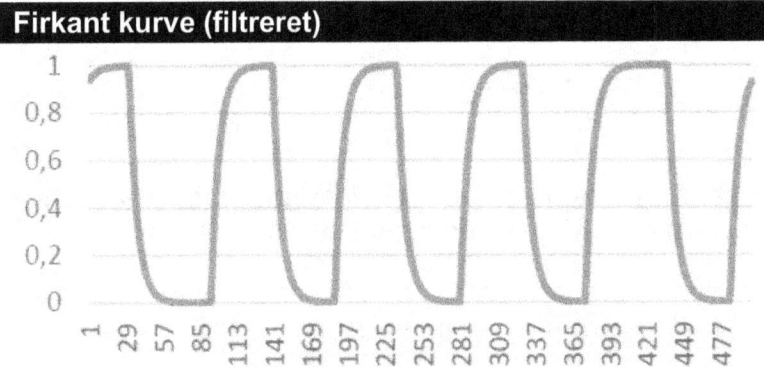

Dette signal er et firkant kurve signal med filter.

Der er benyttet et digital lav pas filter på et firkant kurve signal. Læs mere som filter i afsnit 13.4, side 100

```
LPFilter_FB (ValueRaw:= SquareCurve,
             ValueFiltered=> CurveFiltered);
```

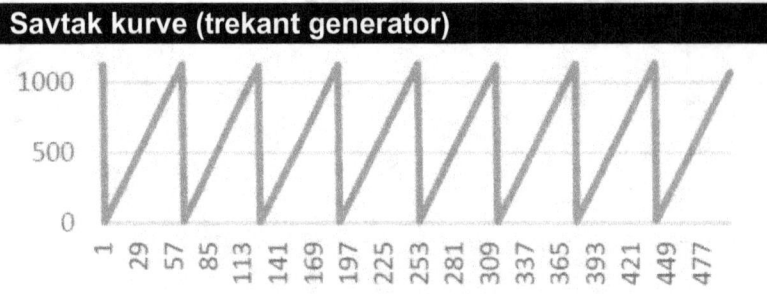

```
//This code generate a triangle curve
MyTimer(IN := NOT  MyTimer.Q, PT := T#10S); //Auto reset

//Timer end, go to zero
IF MyTimer.Q = TRUE THEN
   TriangleValue := 0;
END_IF;

//Add more and more to the curve (1.1321 is setting the slope)
TriangleCurve:= TriangleCurve + 1.1321;
```

Støjsignal

Det er muligt at lægge støj eller signal udsving til simuleringssignalerne ved at benytte en tilfældighedsgenerator (Beskrevet side 98) og lægge den værdi til signalet:

```
MySignalCurve:= TriangleCurve + SinusCurve + NoiseSignal;
```

Dataplot

De viste grafer er plottet i Excel. Først er værdier gemt som ASCII logfiler (CSV fil) på harddisken af en soft PLC. Dernæst er de indlæst og plottet i Excel.

13.6 Beregning af tank volumen, cylinder på halvkugle

Dette afsnit viser implementering af en volumen beregning for en stor lager tank.

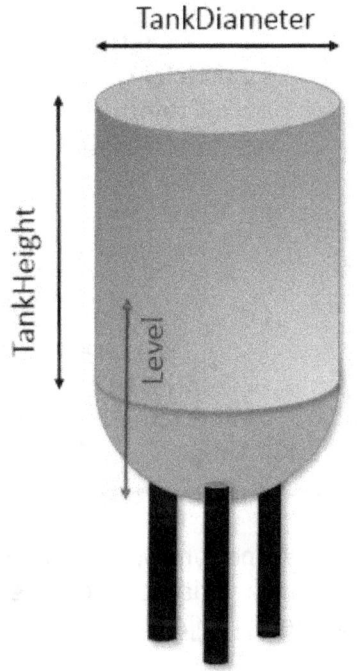

Tanken består af en cylinder sammen med en halvkugle i bunden, som vist på figuren til højre.

Formler til beregning af volumen er fundet på internettet.

Der oprettes en FUNCTION hvor tank størrelsen er input værdier, så koden kan genbruges til tanke der har andre størrelser. Desuden er væske højden input til funktionen og retur værdien er den aktuelle volumen. Væsken højde måles af en analog sensor. Det kan være en tryk sensor i bunden af tanken, der måler vandsøjletryk eller en sensor i toppen, som måler fra toppen ned til væske højden. Det er indholdet i tanken, der ofte er afgørende for hvilken sensor teknologi der skal benyttes. I dette løsningsforslag måles niveau fra bunden af tanken op til væske højden.

Måden at arbejde sig frem på i denne opgave, er først at få cylinder målingen til at virke. Der kommer først væske i cylinder, når halvkugle er fyldt. Check målinger med en tank beregner på internettet.

Det er valgt at funktionen er uden enheder, for at få en mere fleksibel løsning, der kan genbruges og det betyder at alle enheder skal være ens. Enheder kan være i meter, cm eller mm. Volumen bliver til kubik: m^3, cm^3 eller mm^3.

Dernæst skal beregningen af halvkuglen virke og tilslut sættes hele løsningen sammen, så der kan laves en samlet test. Det er en fordel at dokumentere testen i et dokument, så der er bevis for at funktionen er testet. For at få en god test udvælges en række test punkter. De skal ligge uden for tankens måleområde og på forskellige niveauer i tanken samt tæt på grænseflader, som er der hvor cylinder og halvcirkel mødes. Der beregnes først den forventede volumen ved forskellige niveauer. Dette kan gøres med lommeregner eller med en af de mange online sider på internettet, hvor det er muligt af foretage volumen beregner på tanke. Til slut testes funktionen med de forskellige niveauer og det sammenholdes med de forventede resultater.

PLC styring med Structured Text (ST)

Her er forslag til PLC-kode:

```
FUNCTION TankVolumenCal : REAL
VAR_INPUT
    TankDiameter:     REAL;   // Fixed tank diameter
    TankHeight:       REAL;   // Fixed tank height of cylinder
    LevelFromButtom:  REAL;   // Current level measured
END_VAR
VAR CONSTANT
    PI: REAL := 3.1415;
END_VAR
VAR
    Level: REAL;              // Internal calculation
    Vol:   REAL := 0;         // Internal calculation
    Lr:    REAL;              // Level radius in circle
    TankRadius: REAL;
END_VAR
```

Programmet er opdelt i forskellige overskuelige sektioner. I de første 2 linjer klargøres de interne variabler. Dernæst kommer beregningssektioner, hvor hver sektion har en kommentar linje til orientering og tilslut sættes retur variablen for funktionen.

Programkald til funktionen kunne se sådan ud:

```
Vol:= TankVolumenCal (TankDiameter:= 2,
                      TankHeight:= 6,
                      LevelFromButton:= LevelSensor);
```

Hvor **LevelSensor** er den aktuelle tankmåling.

Alle værdier skal have samme enhed (mm, cm eller m)

```
//////////////////////////////////////////////////////////////////////
//  Tank Volumen calculator - Cylinder with a half circle below
//////////////////////////////////////////////////////////////////////
Level := LevelFromButtom;
TankRadius := TankDiameter/2;

//Check level low - level cannot be negative
IF Level < 0 THEN
  Level:= 0;
END_IF;

//Check level high - tank cannot be overfilled
IF Level > (TankRadius + TankHeight) THEN
  Level:= TankRadius + TankHeight;
END_IF

//Half circle ball
IF Level <= TankRadius THEN
  Lr:= SQRT(Level * (TankDiameter - Level));
  Vol:= (PI/6)*level*(3*Lr*Lr+ Level*Level);
ELSE
  //Half circle ball filled
  Vol:= 2/3 * PI * TankRadius * TankRadius * TankRadius;
END_IF;

//Something in the cylinder
IF Level > TankRadius THEN
  Vol:= Vol + (Level - TankRadius) * PI * TankRadius * TankRadius;
END_IF;

//Set return value
TankVolumenCal:= Vol;
```

PLC styring med Structured Text (ST)

14 Fra LADDER til ST-programmering

Dette afsnit indeholder en række eksempler, der sammenligner LADDER programmering med den tilsvarende programmering i ST. Det er en hjælp til de som er gode til LADDER programmering eller hvor LADDER skal oversættes til ST.
Der findes ingen kendte konverteringsværktøjer, der kan konvertere et LADDER program til et ST-program, så her er nogle eksempler:

Eksempel 1:

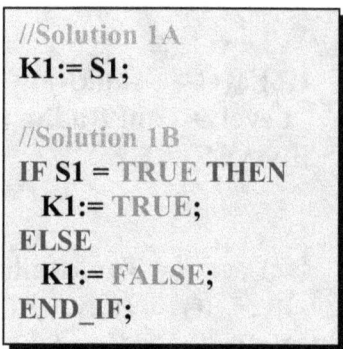

```
//Solution 1A
K1:= S1;

//Solution 1B
IF S1 = TRUE THEN
  K1:= TRUE;
ELSE
  K1:= FALSE;
END_IF;
```

Eksempel 2:

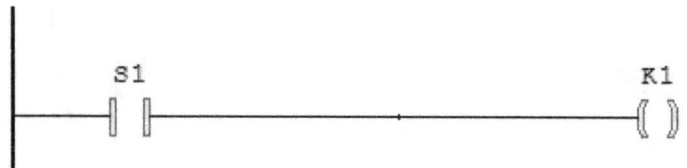

```
//Solution 2
VAR
  S1_TRIG: R_TRIG;
END_VAR

S1_TRIG (CLK:= S1);
IF S1_TRIG.Q = TRUE THEN
  K1:= TRUE;
ELSE
  K1:= FALSE;
END_IF;
```

Eksempel 2A

Eksempel 3:

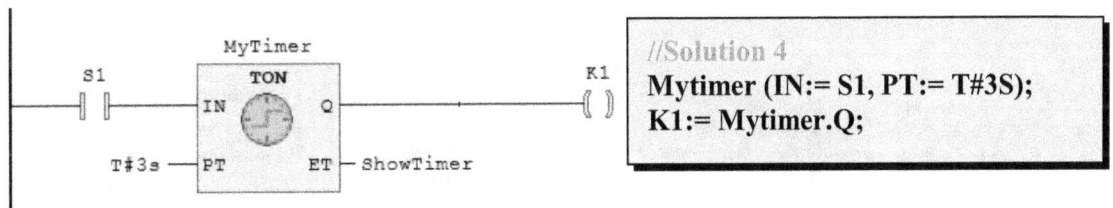

```
//Solution 3A
K1:= (S1 OR S2) AND S3;

//Solution 3B
IF ((S1 = TRUE OR S2 = TRUE) AND S3 = TRUE) THEN
   K1:= TRUE;
ELSE
   K1:= FALSE;
END_IF;
```

Eksempel 4:

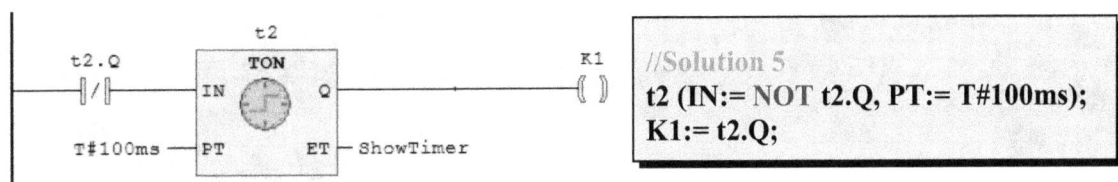

```
//Solution 4
Mytimer (IN:= S1, PT:= T#3S);
K1:= Mytimer.Q;
```

Eksempel 5:

```
//Solution 5
t2 (IN:= NOT t2.Q, PT:= T#100ms);
K1:= t2.Q;
```

PLC styring med Structured Text (ST)

Eksempel 6:

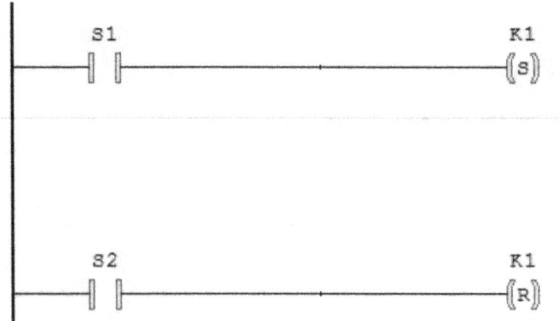

```
//Solution 6
IF S1 = TRUE THEN
  K1:= TRUE;
END_IF;

IF S2 = TRUE THEN
  K1:= FALSE;
END_IF;
```

Eksempel 7:

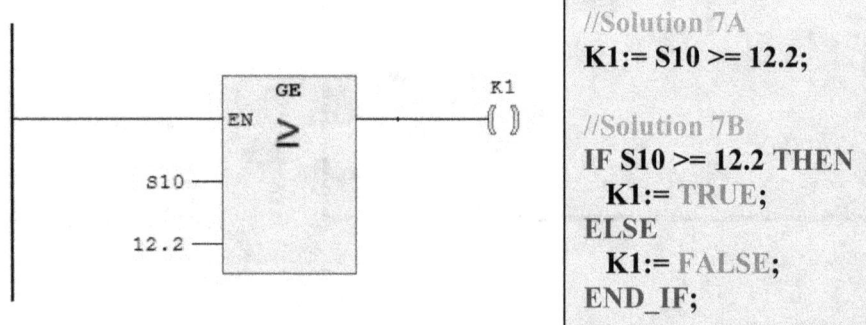

```
//Solution 7A
K1:= S10 >= 12.2;

//Solution 7B
IF S10 >= 12.2 THEN
  K1:= TRUE;
ELSE
  K1:= FALSE;
END_IF;
```

Eksempel 8:

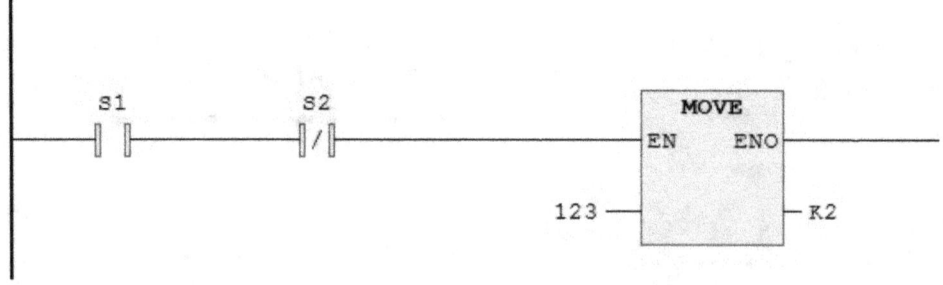

```
//Solution 8A
IF (S1 = TRUE AND S2 = FALSE) THEN
  K2:= 123;
END_IF;
```

```
//Solution 8B
IF S1 AND NOT S2 THEN
  K2:= 123;
END_IF;
```

Eksempel 9:

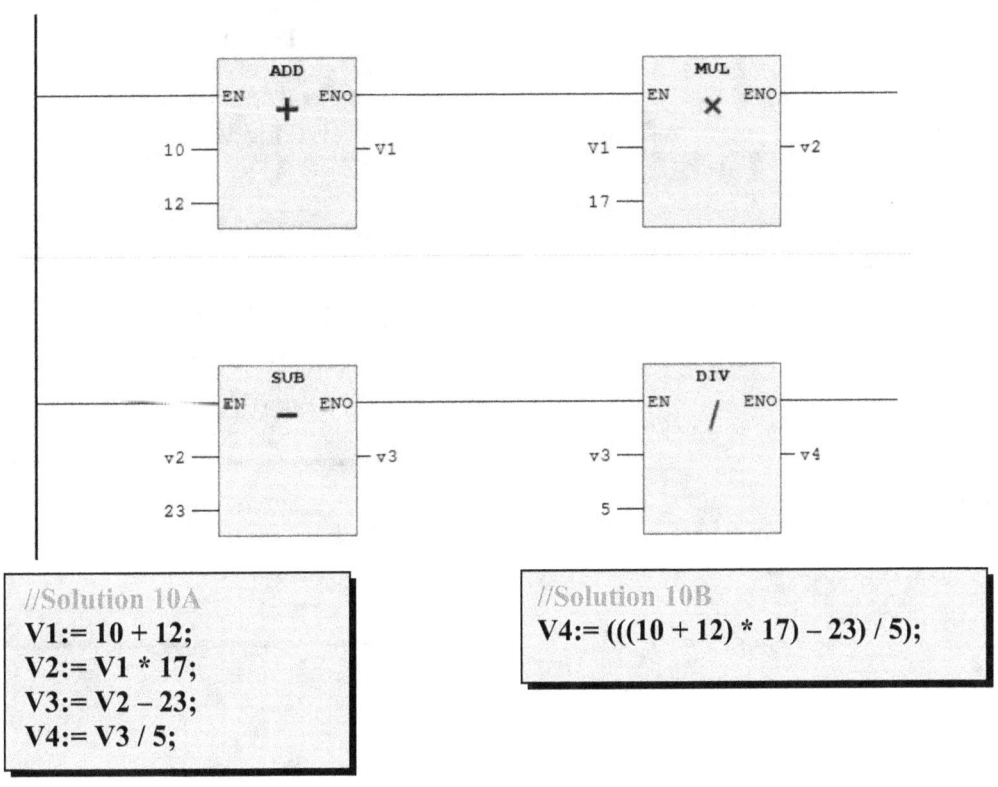

```
//Solution 9
MyCounter (CU:= S1, RESET:= S2, PV:= 5);
K1:= MyCounter.Q;
```

Eksempel 10:

```
//Solution 10A
V1:= 10 + 12;
V2:= V1 * 17;
V3:= V2 – 23;
V4:= V3 / 5;
```

```
//Solution 10B
V4:= (((10 + 12) * 17) – 23) / 5);
```

Eksempel 11:

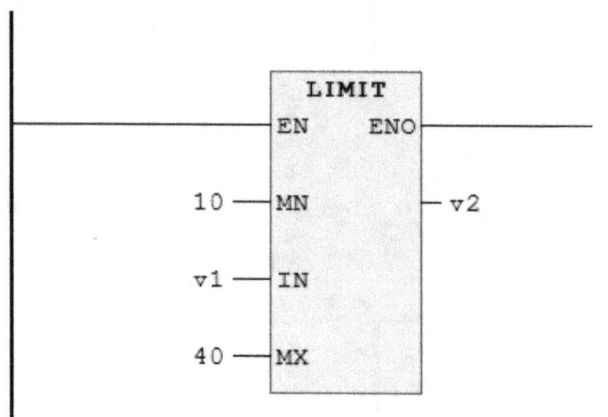

```
//Solution 11
v2:= v1;
IF v2 < 10 THEN
   v2:= 10;
END_IF;

IF v2 > 40 THEN
   v2:= 40;
END_IF;
```

Eksempel 12:

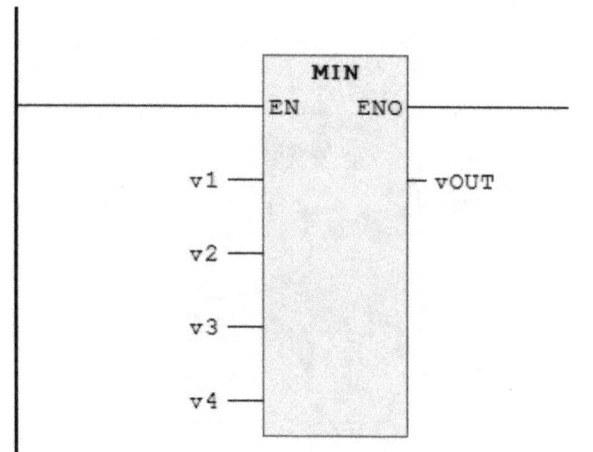

```
//Solution 12
vOUT:= v1;

IF vOUT > v2 THEN
   vOUT:= v2;
END_IF;

IF vOUT > v3 THEN
   vOUT:= v3;
END_IF;

IF vOUT > v4 THEN
   vOUT:= v4;
END_IF;
```

Eksempel 13:

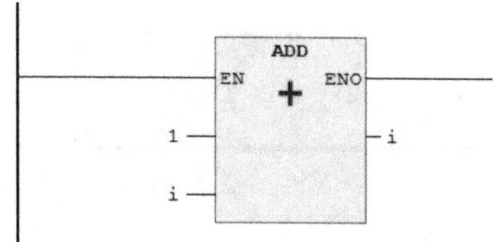

```
//Solution 13
i:= i + 1;
```

15 Best Practice ST-programmer

Selvom ST-programmer giver mulighed for at hver programmør kan bruge deres egne typografier (syntaks), bør god praksis inden for programmering følges for at øge læsbarheden i hele programmet. Store eller små bogstaver samt indrykning kan forbedre programmets læsbarhed.

Det er vigtigt at skrive programmet pænt opstillet, så andre nemt kan læse det.

Her følger opsummering og anbefalinger:

15.1 Indrykning og mellemrum

Indrykning er typisk relevant ved **IF**- og **CASE**-sætninger og **FOR**-løkker.

Det er bedst at benytte 2 x <SPACE> til indrykning, da <TAB> er afhængig af opsætning i PLC-udviklingsværktøjet og Windows indstillinger. Skal koden senere kopieres til en anden PLC, er det bedst med 2 x <SPACE>.

Indrykning øger læsbarheden af PLC-koden. På den anden side, ved ingen eller forkert indrykning kan PLC-koden være svær at læse. Brug den samme indrykning i hele programmet.

<SPACE> har ingen funktion i ST-programmering, men lav alligevel én SPACE mellem kommandoer, variabler, udsagn, parenteser og tal, da dette øger læsbarheden af PLC-koden. Dog ingen <SPACE> før semikolon. Ingen <SPACE> før og efter tal og variabler inden i [].

15.2 Tomme linjer mellem kode

Det giver god mening af have tomme linjer i PLC-koden, for at adskille og opdele de forskellige stykker PLC-kode i passende afsnit.

Dog maksimum to tomme linjer mellem PLC-kode.

15.3 Undgå spaghetti kode

Spaghetti kode er en betegnelse for kode, som har en kompleks og indviklet struktur. Det kommer når der er uklar navngivning på variabler og funktioner, mange **GOTO**s, **JMP**s **EXIT**s eller andre ustrukturerede forgreninger.

Brug kun **GOTO** og **JMP**-sætninger i særlige tilfælde (for eksempel til fejlfinding, test eller debug). Desuden kan brug af **EXIT** forårsage spaghetti kode. Forsøg derfor at undgå **EXIT** kommandoen og brug andre betingede udsagn som **IF** og **CASE** til at erstatte forgreninger. På den anden side, kan **EXIT** være nyttig, når du udfører fejlfinding af din kode, men man skal være omhyggelig, når du færdiggør koden og huske at fjerne de **EXIT** der ikke skal bruges mere.

Dog er **EXIT** ok at benytte i FOR-løkker, hvis det ikke er nødvendigt at gennemløbe hele FOR-løkken.

15.4 Brug funktioner og program moduler

Den mest basale måde på, at opbygge en pæn software struktur på, er ved at bruge program moduler og funktioner. Ved at opdele et stort program i flere mindre program stykker, hver med en specifik opgave, er det muligt at have et lille hovedprogram (MAIN), der kalder underprogrammer (program moduler) efter behov.

Det er effektivt med funktioner og funktionsblokke, da koden nemt kan genbruges og ved rettelser, skal man kun rette et sted.

Giv funktioner og moduler et sigende navn, så de er nemme at genkende.

Har en funktion eller et program modul mere end 20 lokale variabler, er det tegn på at PLC-koden skal opdeles i flere funktioner eller program moduler.

15.5 Omfang af variabler

Meget ofte skal du beslutte, om der skal bruges lokale eller globale variabler. Brug af globale variabler er praktisk, da du kun skal erklære dem en gang i en fælles liste. Men det giver en dårlig program struktur og man kan komme til at bruge variablerne ved en fejl, da alle funktioner og program moduler har adgang til dem.

Brug lokale variabler hvor det er muligt, og slet de variabler du ikke skulle bruge alligevel. Det gælder ikke om at have mange variabler, men de rigtige med et sigende navn. Brug **STRUCT** til at samle variablerne i et objekt.

Opret kun **ARRAY** med den længe du har brug for.

Har en funktion eller et program modul mere end 20 lokale variabler, kan det være et tegn på en dårlig struktur og programmet bør opdeles mere. Måske kan noget skrives i en funktionsblok og genbruges i andre programmer.

15.6 Andre forslag til bedre programstruktur

Liste over andre forslag til en bedre program struktur:

- Udskift komplicerede **IF-THEN** sætninger med **CASE** erklæring.
- Undgå **ELSIF** sætninger.
- Undgå uendelige løkker og derfor anbefaledes **DO-WHILE** sætninger ikke.
- Brug ikke mere end 3 indlejrede løkker i **FOR**-løkker.
- Hver funktion, funktionsblok og program modul bør have max. 20 – 25 linjer PLC-kode – det du kan se på skærmen og på en udskrift i A4.
- Brug ikke mere end tredimensionelle arrays (3D **ARRAY**)
- Brug **CONSTANT** hvis det samme konstante tal bruges mere end 1 gang.
- Program moduler eller funktioner bør have max. 20 lokale variabler
- En **FUNCTION** eller **FUNCTION_BLOK** bør have max 8 ind-ud parametre

Pas på med at oprette for mange unødvendige **ARRAY** elementer. De er nemme at oprette og programmører har desværre en evne til at oprette for mange og for lange, og det bruger for mange systemressourcer.

Brug parenteser i matematiske formler og algoritmer, så er du sikker på at beregningens rækkefølgen er korrekt. Opdel store formler i mindre beregninger.

15.7 Kode til og fra Internettet

Den bedste ven når man programmerer kan være google. Der findes meget kode på nettet. Det største problem er at finde brugbar kode. Nogle gange tager det længere tid at finde noget, der kan bruges og koden har ofte fejl. Det gør at man nogle gange kan skrive koden hurtigere selv. Der kan være copy-right på koden der findes på nettet, som gør at du ikke må bruge den, hvis du eller dit firma tjener penge på det program, du er ved at skrive.

En anden udfordring når man finder kode på nettet, er at navne på variabler og struktur ofte ikke følger den standard og navngivning du har valgt i dit program. Ofte får man ikke lige rettet navne og samlet set, har man måske brugt mere tid på at finde kode, fejlrette og tilpasse det, end den tid man kunne bruge på at skrive koden selv.

Pas på med selv at lægge din egen kode på Internettet, hvis du er ansat i et firma, da koden er firmaets ejendom og det kan betegnes som tyveri.

Undersøg også dit firmas politik omkring det, at kommentere og debattere andres kode og programmerings-løsninger på nettet, så der ikke senere opstår problemer. Det kan også være i strid med funktionærloven, i det du yder en ydelse for andre, som ikke direkte skaber værdi for den virksomhed, hvori du er ansat.

15.8 OOP – Object Orienteret Programmering

For at få mere struktur på PLC-koden kan filosofien fra **O**bjekt **O**rienteret **P**rogrammering (OOP) benyttes. Dette betyder at variabler og PLC-kode, der har et tilhøres forhold til hinanden samles i et objekt. F.eks. variabler der benyttes til en motor samles i en **STRUCT** (se side 19) og drift-tilstande for en motor samles i **ENUM** (se side 21)

Variabler og konstanter som f.eks. arbejder på samme **ARRAY** kan have samme fornavn, for at markere, at de har et tilhørsforhold. Se side 66

Inden for OOP filosofien opbygges funktioner og funktionsblokke, så de arbejder på objekter, - det kan være en sensor eller et instrument, - der nemt kan genbruges.

Nogle PLC-typer tilbyder OOP, som beskrevet i standarden IEC 61131-3. Disse PLC-typer tilbyder **METHOD** (virkemåde som en funktion), **ACTION** (virkemåde som et program modul) samt **PROPERTY** og **TRANSITION** (variabler).

16 Guide til løsning af programmeringsopgaver

Dette er en guide der kan være en hjælp, når der skal løses programmeringsopgaver.

1) Opstart

Læs opgaven. Gerne flere gange. Det er vigtigt kun at løse det som opgaven beskriver og ikke mere end det, da der ofte er en kunde som skal bruge løsningen og de vil ofte ikke betale for mere. Hvis der løses mere end opgaven beskriver, vil programmet have flere fejl og fejl opleves som dårlig kvalitet.

Hvis opgaven ikke er fuldstændig beskrevet, er det vigtig at undersøge de uklarheder der er. Dette kan skrives i et dokument, så der *er* et samlet overblik, over hvordan styringen skal virke. Dette dokument kaldes for funktionsbeskrivelse eller styringsbeskrivelse. Et godt dokument, til at fastholde viden og til at fremvise til kunden og dokumentet beskriver hvad der skal programmeres.

2) I/O-liste

Udarbejd en I/O-liste. Sæt dig ind hvad de enkelte sensorer og instrumenter skal måle og hvordan de virker. I/O-listen er et vigtigt redskab både under udviklingen af styringen, idriftsættelse og den senere vedligeholdelse og måske senere udvidelse. Det er vigtigt at I/O-listen er mere end 95% korrekt inden programmeringen begyndes, da ændringer i I/O-listen har indvirkning på programmeringen og den efterfølgende test.
Lav fornuftige navne til variabler/TAGS allerede i I/O-listen, da de navne er gennemgående for hele projektet og I/O-listen er en del af dokumentationen. Indeholder opgaven, diagrammet eller dokumentationen allerede fornuftige navne benyttes disse for at sikre genkendelighed og det er senere nemme at fejlfinde i PLC-koden.

3) HMI

De fleste styringer indeholder en brugerbetjening. En brugerbetjening består af HMI (skærmbilleder) og måske elektriske on/off – kontakter og lamper. Lav skitse forslag på papir over, hvordan skærmbilleder kunne se ud. Vis de forslag til kunden/brugerne eller en kollega for at få feedback. Det er tidsmæssig krævende senere at skulle rette i billederne, så derfor er det vigtigt at billeder er så korrekte som muligt, *inden* du starter konfigurationen af HMI.

Der kan med fordel udarbejdes en liste over hvilke variabler/TAGS der skal udveksles (flyttes mellem) mellem HMI og PLC-programmet, da denne interface beskrivelse altid giver et godt overblik. Det er ikke sikkert, at det er den samme person som koder HMI og PLC, så listen er en god guide for begge personer.

4) Flowcharts

Udarbejd flowcharts for de komplekse program dele, så du får mere en fornemmelse af hvordan styringen skal virke. Flowcharts er en god guide til dig selv og andre, der har behov for at forstå programmet og hvordan det virker.

5) Design fase

Inden programmeringen starter kan man med fordel udarbejde en design skitse på papir. Denne skitse indeholder de forskellige program moduler, funktioner og funktionsblokke. Det kan minde lidt om flowcharts og det er muligt at bruge flowcharts til beskrivelsen og det kan ses som en program design fase. Her fastsættes også navne på program moduler og funktioner med en kort beskrivelse af hvert program modul, funktion og funktionsblok. Det kræver en del erfaring af kunne designe et helt program inden programmeringen starter, og derfor kan man med fordel bruge bottoms-up metoden, som er beskrevet under næste punkt.

6) Programmeringen

Der er 2 muligheder når programmeringen skal starte. Det er top-down metoden eller bottoms-up. Top-down er mere for de erfarne programmører, så her beskrives kun bottoms-up metoden.

Bottoms-up går ud på, at man skriver PLC-kode til de små program stumper, man ved man skal bruge. Man starter så at sige, med det man overskue. Har styringen f.eks. en lampe, der skal blinke, skriver man et stykke PLC-kode som kan blinke. Efterhånden har man en række små velfungerende stykker PLC-kode, – små byggeklodser. Undervejs får man en del læring og får mere og mere en fornemmelse af, hvordan hele programmet skal virke. Tilslut er det nemmere at sætte de små program stykker sammen til det færdige program. HMI kan med fordel bruges undervejs til at teste de små program stykker, så man er sikker på, at de små program stykker virker, inden de sættes sammen til det store færdige program. Det er mere vanskeligt, at få det samlede program til at virke, hvis mange af de små program stykker ikke virker og fejlfinding i et stort program, er meget sværere end at finde fejl i små program stykker. Test af de små program stykker kaldes ofte modul test og hvordan de er testet, kan med fordel dokumenters med f.eks. screen dumps af det kørende program, så man kan dokumentere over for sig selv eller andre, at det virker.

Det kan være en hjælp, at man arbejder med to projekter (i PLC-udviklingsværkøjet) på samme tid. Et projekt som bliver den færdige løsning og et projekt som er til afprøvning (sandkasse) af forskellige små program stykker. Man afprøver således små løsninger i et projekt og når løsningen virker kopieres (copy paste) løsningen (eller koden skrives igen, for at have en pæn struktur) over i det færdige projekt.

Et PLC-udviklingsværktøj der afvikles i Windows miljø, kan gå ned med en Run-time Error (eller blue screen of dead) og derfor er det en god idé, at gemme PLC-koden ofte. Det er bedst at gemme hver gang, man har noget PLC-kode som virker, som man kan gå tilbage til, hvis uheldet skulle være ude og projektfilen bliver ødelagt.

Hvis man er i tvivl om, hvordan enkelte små programmer skal implementeres kan man bruge google til at få ideer. Der findes mange løsninger på nettet, som man kan få inspiration fra. Men nogle gange, kan man bruge mere tid på, at finde noget på nettet man kan bruge, frem for at prøve at kode det selv. Husk, hvis du har problemer med noget, så lad være med at bruge så meget tid (max 15 min). Gå videre med andre opgaver og spørg support, google eller en kollega om problemet, så du kan udnytte din tid bedst muligt. Ofte er det en lille ting i programmeringen du har overset – eller som mangler i manualen og kan du ikke løse det inden for 15 min. har du sikkert heller ikke løst det inden for 60 min.

17 Stikordsregister

%
%IX1.0; 27
%QX0.0; 27

&
&; 42

<
<>; 39

=
=>; 71

1
1. ordens digitalt filter; 100
10 talsystemet; 17
16 bit; 16
1-dimensional array; 24

3
3D ARRAY; 25
3-dimensional; 24
3-dimensional array; 24, 25, 65

7
7 betydende cifre; 16

A
ABS; 40
acc; 47
accumulator; 47
ACOS; 41
ACSII; 16; 27; 52; 78; 104
ACTION; 116
Addition; 37
adresse; 27
afledte datatyper; 18
Afrunding; 52
afrundings funktionerne; 48
Akkumulator; 45
Alarm tekster; 33
algoritmer; 7
Amount; 34
AND; 42; 43
ANSI/ISA-88; 33
anvende funktioner; 70
ARRAY; 23; 62; 71; 92
ArrayIndex; 32
ASIN; 41

B
Baggrund for ST; 6
BCD; 14
beregning af gennemsnit; 76
Beregninger; 47
betjeningspanel; 57
Binær tal; 14
binær værdi; 51
black box; 76
boolean; 39

Boolean; 14
boolske udtryk; 43
brugerbetjening; 78
brugergrænseflader; 35
bottoms-up; 119
BY; 63o

C

CamelCase; 30
CASE; 55; 56; 58; 59; 60; 61
CHAR; 79
CONCAT; 82
CONSTANT; 27; 36; 59; 60
copy-right; 116
CPU; 21
CTD; 88
CTU; 88
CTUD; 88

D

danske speciel bogstaver; 13
data kommunikation; 11; 16; 49; 78
Data type konverterings; 49
datalogning; 16
datatype; 14; 18; 22
DATE; 15
DEAD LOCK; 62
DEC; 40
Decimal; 14; 52
Decimal fejl med REAL; 48
DELETE; 82
digitalt filter; 100
DINT; 14
direkte adressering; 28
Division med 0; 45
Dobbelt Float; 15
Dollar tegn; 80
DOS; 6
DO-WHILE; 115
DS/EN 611131-3; 6; 7
DWORD; 14

E

Eksponentiel funktion; 41
El-diagram tegninger; 31
Elementære datatyper; 14
ELSE; 54; 55; 58
ELSIF; 56
embedded computer; 16
END_STRUCT; 19
END_VAR; 27
engelske brugergrænseflade; 78
enhed; 34
ENNUM; 21
EXIT; 63; 114
Exponent; 37
EXPT; 38

F

Fahrenheit; 34
falsk; 53
Fasthold variable værdi efter strømsvigt; 27
fieldbus; 11
FIFO; 95
filter; 103
FIND; 83
FIR; 100
Firkant kurve; 103
firkant parenteser; 35
First In First Out; 94
first order lag filter; 101
FirstScanBit; 85
Float; 15
FLOAT; 49
FLOOR; 40
flowcharts; 118
FOR-løkke; 62
forudsætning; 6
FRAC; 40
FUNCTION; 72; 75; 76; 77; 81; 105
FUNCTION_BLOCK; 72
Funktion (FC); 72
funktioner; 26; 69
funktions blokke; 33

funktions kald til et array; 71
Funktionsblok (FB); 72
funktionskald; 70
FUNTION_BLOK; 98

G

globale variabler; 26; 115
GOTO; 114
GRAD; 41
grader celsius; 34

H

Heltal uden fortegn; 14
Hent værdier fra et array; 25
Hex tal; 14
HMI; 26; 35; 78; 118; 119
hovedprogram; 68
HVIS – SÅ – ELLERS; 53
Hz; 19
højniveau programmeringssprog; 6

I

I/O liste; 117
IEC 61131-3; 14; 116
IEC time; 15
IEEE Floating; 15
IF-sætninger; 53; 55; 61; 113
INC; 40
Indholdsfortegnelse; 1
Information til labelprinter; 78
Input; 26
INSTERT; 82
Instruction List; 8
INT; 14; 22
INT_TO_BOOL; 50
INT_TO_REAL; 50
Integer; 14
Internettet; 116
IO adresse; 27
IO-kort; 28

IO-liste; 33
ISO 10646; 16
iterativ variabel; 32

K

kant trigget; 86
kommentar linjer; 13
konverteringsværktøjer; 108
Koordineret universaltid; 50
kvadratroden; 41
kø; 95
kø struktur; 92

L

LADDER; 6; 108
LADDER-programmering; 6
LEFT; 83
LEN; 83
LN; 41
Logik; 42
logiske operatorer; 39
lokale variabler; 73; 114
LOOPS; 62
LP-filter; 100
LREAL; 15
LWORD; 15
læsbarhed; 113
Løkker; 62

M

Main; 68
Matematik funktioner; 40
Matematik og beregninger; 45
matematiske formler; 43
MES; 92
METHOD; 116
Micro PLC; 9
MID; 83
MIS; 92
MOD; 37

Modulo; 37
Modulus; 37
MotorSwitch; 59
moving average; 100
multielement datatype; 23

N

navngivning; 29
navngivningsmetoder; 31; 32
NEG; 40
niveau sensor; 90
Normally Close (NC); 56
Normally Open (NO); 56
NOT; 42

O

Off-delay timer; 90
omregning mellem de 2 temperaturer; 75
ON/OFF switch; 53
On-delay timer; 90
Oneshot; 86
OOP; 20; 116
OR; 42; 43
OSRI; 86
output; 26
overløb; 17; 89

P

paramenterbare blokke; 69
Pascal Case; 30
Pascal programmering; 6
passwords; 61
PERSISTENT; 27
PI; 36
PLC; 5; 9; 15; 22; 46
PLC IO-kort; 28
PLC program; 69
PLC scan time; 9
PLC udviklingsværktøj; 119
PLC-tags; 44

Pointer; 95
Pressure; 22
Problemer med afrunding; 48
programmoduler; 68
program-scan; 45; 57

Q

Queue; 92

R

R_TRIG; 86; 89
RAD; 41
radian; 50
Randomize; 98
REAL; 15; 47; 48
REAL_TO_INT; 50
relæ med selvhold; 56
REPLACE; 82
RETAIN; 27; 28
RIGHT; 83
RND; 98
RPM; 19
Run Time Error; 22; 25; 40; 63

S

S5TIME; 15
S88 standarden; 33
sandt; 53
Savtak kurve; 104
SCADA; 31
scan tiden; 69
scan time; 9
SCL; 5
scope; 26
sekvensstyring; 58
selvhold; 56
semikolon; 54
serieforbindelse; 42
Setpoint; 57
SFC; 8

Siemens PLC; 5
sikkerheds PLC; 9
simuleringssignaler; 102
SIN; 41
SINUS kurve; 102
skrives til områder uden for array; 25
SMS; 78
Snake_case; 31
soft PLC; 27
Spaghetti kode; 114
Speed; 19
Sprog tekster; 78
SQR; 41
SQRT; 41
standard forkortelser; 31
statisk data; 72
STOP mode; 11
store og små bogstaver; 29
ST-programmering; 5
STRING; 15; 16; 52; 79
STRING funktioner; 82
STRINGS; 78
STRUCT; 19; 74
struktureret program; 68
Subrange Datatype; 22
subrutiner; 69
syntaks; 113

T

T#; 90
TACHO HOURS; 17; 72
TAGS; 31; 44; 117
TAN; 41
temperatur visning; 34
test; 102
tilfældige tal; 98
TIME; 91
TIME _OF_DAY; 15
TIME/DATE; 17

TimerOn delay; 90
tomme linjer; 113
TON; 91
Tooltip; 30
top-down; 119
TRUNC; 40
TYPE; 18

U

udmaske; 51
Ugyldige tegn; 29
ULINT; 15
Ungarsk Notation; 30
Unicode; 16
Unit; 34
UTC; 50

V

VAR; 26
VAR CONSTANT; 96
VAR_GLOBAL; 26
VAR_IN_OUT; 26
VAR_INPUT; 26
VAR_OUTPUT; 26
variabel scope; 71
variabel navne; 29
variabler; 26
Versionsstyring; 8
versionslog; 13
virkemåde for en PLC; 10
volume beregning; 105
væske højden; 105

X

X, Y og Z koordinat system; 24
XOR; 42